소수의 발견

사칙연산

최수일
개념연결 수학교육연구소
지음

VIO[에드
ViaEducation Ⅱ

ERA
3.216

SP
157.1
km/h

PLAYER 1

AVG
0.375

OBP
0.582

OPS
0.936

CREDIT
01

S
B
O

소수의 발견

지은이 | 최수일, 개념연결 수학교육연구소

초판 1쇄 인쇄일 2024년 7월 15일
초판 1쇄 발행일 2024년 7월 26일

발행인 | 한상준
편집 | 김민정·강탁준·손지원·최정휴·김영범
삽화 | 홍카툰
디자인 | 조경규·김경희·이우현
마케팅 | 이상민·주영상
관리 | 양은진

발행처 | 비아에듀(ViaEdu Publisher)
출판등록 | 제313-2007-218호(2007년 11월 2일)
주소 | 서울시 마포구 월드컵북로 6길 97(연남동 567-40) 2층
전화 | 02-334-6123 전자우편 | crm@viabook.kr
홈페이지 | viabook.kr

ⓒ 최수일, 개념연결 수학교육연구소, 2024
ISBN 979-11-92904-86-3 64410
ISBN 979-11-91019-61-2 (세트)

머 리 말

일상을 보면 소수가 정말 많아요

야구장에 갔습니다. ○○○ 선수가 올해 잘나갑니다. 3할대 타자거든요. 3할이 뭐냐고요? 3할은 소수 0.3을 뜻한답니다. 소수 0.3은 분수로 $\frac{3}{10}$이지요. 분수의 뜻을 생각할 때 이 말은, 공을 칠 기회가 모두 10번 있었는데 그중 3번은 안타를 치고 살아 나갔다는 얘기가 됩니다. 또 뭐가 있을까요? 학교나 병원에서 키를 재어 본 적이 있지요? 148.6 cm, 153.3 cm 등 여기에도 소수가 있습니다.

소수의 덧셈과 뺄셈은 소수점만 맞추면 되는 것 아닌가요?

맞습니다! 소수의 덧셈과 뺄셈은 소수점만 맞추면 더하거나 뺄 수 있습니다. 왜 소수점만 맞추면 될까요? 이 질문에 답하지 못한다면 소수의 덧셈과 뺄셈을 제대로 안다고 볼 수 없답니다. 그럼, 소수의 곱셈과 나눗셈도 소수점만 맞추면 되나요? 아니지요. 소수의 사칙연산을 분수의 개념과 연결하여 정확히 설명하지 못한다면, 그것은 반쪽짜리 공부입니다.

개념을 연결한다고요?

모든 수학 개념은 연결되어 있답니다. 그래서 소수의 사칙연산이 이전의 어떤 개념과 연결되는지를 알면 소수의 사칙연산을 거의 다 아는 것입니다. 소수를 분수로 정확히 나타낼 줄 알면 거기에 분수의 사칙연산을 연결할 수 있습니다. 하지만 분수를 연결하지 않고도 소수의 연산을 할 줄 아는 데까지 공부할 필요가 있답니다. 이 책은 3학년 분수와 소수 개념과 4학년 소수의 덧셈과 뺄셈, 5학년 소수의 곱셈, 그리고 6학년 소수의 나눗셈을 통합적으로 볼 수 있는 안목을 길러 줄 것입니다. 개념이 연결되면 학년 구분 없이 고학년 수학까지 도전해 볼 수 있습니다.

2024년 7월

최수일

3

개념의 뜻 이해하기

개념의 뜻은 정의라고 합니다.
'30초 개념'을 통해 개념의 뜻을 정확하게 이해해야 합니다.
그리고 이전에 학습한 내용을 기억하며
개념을 연결하는 습관을 길러 봅시다.

기억해 볼까요?

이전에 학습한 내용을
다시 확인해 볼 수 있어요.
지금 배울 단계와
어떻게 연결되는지 생각하면서
문제를 해결해 보세요.

09 소수 한 자리 수의 덧셈

- 3-1 분수와 소수
  (소수 한 자리 수)
- 4-2 소수의 덧셈과 뺄셈
  (소수 한 자리 수의 덧셈)
- 4-2 소수의 덧셈과 뺄셈
  (소수 한 자리 수의 뺄셈)

기억해 볼까요?

□ 안에 알맞은 수를 써넣으세요.

① 0.8은 0.1이 □ 개
② 1.4는 0.1이 □ 개
③ 0.1이 22인 수는 □
④ 0.1이 30인 수는 □

30초 개념

소수 한 자리 수의 덧셈은 소수점의 자리를 맞추어 세로로 쓰고 자연수의 덧셈과 같은
방법으로 같은 자리 수끼리 더한 후 소수점을 내려 찍어요.

▶ 0.8+1.4의 계산원리

0.8은 0.1이 8개   1.4는 0.1이 14개   8+14=22이므로 0.1이 22인 수는 2.2

| 0.8 | | 1.4 | | 0.8+1.4=2.2 |

▶ 0.8+1.4의 계산방법

소수점끼리 자리를 맞추어 세로로 쓰고 다음과 같이 계산해요.

① 소수 첫째 자리 계산

```
  0 . 8
+ 1 . 4
------
      2
```
8+4=12

② 일의 자리 계산

```
  0 . 8
+ 1 . 4
------
    2 2
```
1+1=2

```
  0 . 8
+ 1 . 4
------
  2   2
```
소수점을
그대로
내려 찍어요.

개념연결

현재 학습하는 개념이
앞뒤로 어떻게
연결되는지 알 수 있어요.
자기주도적으로
복습 혹은 예습을
할 수 있게 도와줘요.

30초 개념

교과서에 나와 있는 개념을 바탕으로
핵심 개념만 추려 정리했어요.
짧은 시간에 개념을 이해하는 데
도움이 돼요.

30초 개념에서 이해한 개념은 꾸준한 연습을 통해 내 것으로 익히는 것이 중요합니다.
필수 연습문제로 기본 개념을 튼튼하게 만들 수 있어요.

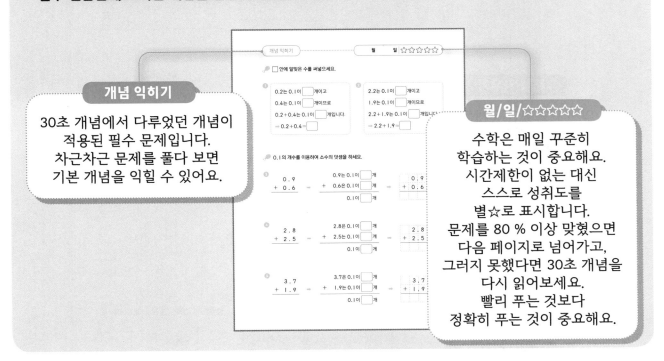

개념 익히기

30초 개념에서 다루었던 개념이
적용된 필수 문제입니다.
차근차근 문제를 풀다 보면
기본 개념을 익힐 수 있어요.

월/일/☆☆☆☆☆

수학은 매일 꾸준히
학습하는 것이 중요해요.
시간제한이 없는 대신
스스로 성취도를
별☆로 표시합니다.
문제를 80 % 이상 맞혔으면
다음 페이지로 넘어가고,
그러지 못했다면 30초 개념을
다시 읽어보세요.
빨리 푸는 것보다
정확히 푸는 것이 중요해요.

개념 다지기

필수 연습문제를 해결하며 내 것으로 만든 개념은 반복 훈련을 통해 다지고,
다른 사람에게 설명하는 경험을 통해 완전히 체화할 수 있어요.

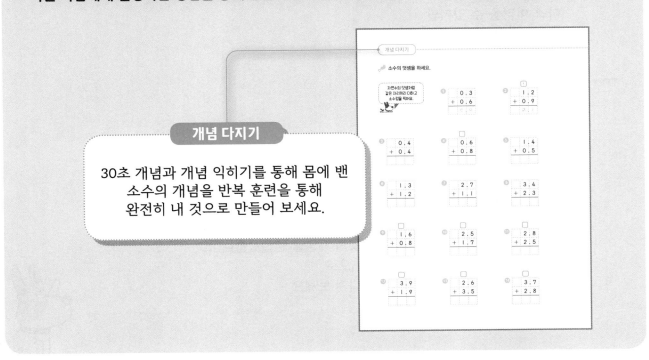

개념 다지기

30초 개념과 개념 익히기를 통해 몸에 밴
소수의 개념을 반복 훈련을 통해
완전히 내 것으로 만들어 보세요.

다양한 형태의 문제를 풀어 보는 연습이 중요해요.

개념 키우기 .... 소수 한 자리 수의 덧셈

🖉 소수의 덧셈을 하세요.

❶ 3.7 + 6.2	❷ 5.4 + 6.3	❸ 7.2 + 6.7

❹ 4.8 + 5.7	❺ 7.6 + 5.5	❻ 8.7 + 6.7

❼ 0.7+1.8=　　　　❽ 3.6+4.5=　　　　❾ 8.6+1.7=

❿ 12.3+2.9=　　　⓫ 5.5+15.8=　　　⓬ 12.5+13.6=

🐰 도전해 보세요

❶ □안에 알맞은 수를 써넣으세요.

```
   □ . 6
 + 4 . □
 ─────────
   7 . 2
```

❷ 계산이 잘못된 곳을 찾아 바르게 계산하세요.

```
   1 2 . 7
 +   2 . 5      →
 ─────────
   3 7 . 7
```

개념 키우기

앞서 학습했던 문제들과는
다른 형태의 문제를
해결해 보세요.

도전해 보세요

개념이 머릿속에 자리 잡았다면
한 단계 나아간 문제에 도전해 보세요.
문장제 문제는 사고력과 추론을 통해
문제를 해결할 수 있는 심화문제예요.
다소 어려울 수 있지만
개념을 이해하고 있다면
충분히 해결할 수 있어요.

『소수의 발견』에서는
초등 3학년 1학기 '분수와 소수_분모가 10인 분수를 소수로 나타내기'부터
6학년 2학기 '소수의 나눗셈_나누어 주고 남는 양'까지
소수와 소수의 사칙연산에 관한 모든 것의 개념을 연결했습니다.
36차시로 구성되어 있는『소수의 발견』으로
초등에서 배우는 소수에 대한 기초를 다져 보세요.

초등학교에서 배우는 소수

3학년

소수 알아보기
- 분모가 10인 분수를 소수로 나타내기
- 1보다 큰 소수 알아보기
- 소수의 크기 비교하기

4학년

소수의 덧셈과 뺄셈
- 소수 두 자리 수 알아보기
- 소수 세 자리 수 알아보기
- 소수의 크기 비교하기
- 소수 사이의 관계 알아보기
- 소수 한 자리 수의 덧셈
- 소수 한 자리 수의 뺄셈
- 소수 두 자리 수의 덧셈
- 소수 두 자리 수의 뺄셈

5학년

소수의 곱셈
- (1보다 작은 소수) × (자연수)
- (1보다 큰 소수) × (자연수)
- (자연수) × (1보다 작은 소수)
- (자연수) × (1보다 큰 소수)
- (1보다 작은 소수) × (1보다 작은 소수)
- (1보다 큰 소수) × (1보다 큰 소수)
- 소수의 곱셈에서 곱의 소수점 위치 확인하기

6학년

소수의 나눗셈
- 자연수의 나눗셈을 이용한 (소수) ÷ (자연수)의 계산
- 세로셈을 이용한 (소수) ÷ (자연수)의 계산
- 몫이 1보다 작은 (소수) ÷ (자연수)의 계산
- 소수점 아래 0을 내려 계산 해야 하는 (소수) ÷ (자연수)의 계산
- 몫의 소수 첫째 자리에 0이 있는 (소수) ÷ (자연수)의 계산
- 몫이 소수인 (자연수) ÷ (자연수)의 계산
- 소수의 나눗셈에서 몫의 소수점 위치 확인하기

소수의 나눗셈
- (소수) ÷ (소수)를 자연수의 나눗셈으로 바꾸어 계산하기
- 자릿수가 같은 (소수) ÷ (소수)의 계산
- 자릿수가 다른 (소수) ÷ (소수)의 계산
- (자연수) ÷ (소수)
- 소수의 나눗셈에서 몫을 반올림하여 나타내기
- 나누어 주고 남는 양

영 역 별 연 산

소수의 발견

차 례

4장

소수의 나눗셈

권 장 진 도 표

		초등 4학년 (31일 완성)	초등 5학년 (26일 완성)	초등 6학년 (20일 완성)
1장	소수 알기	하루 세 단계씩 3일 완성	하루 세 단계씩 5일 완성	
2장	소수의 덧셈과 뺄셈	하루 한 단계씩 7일 완성		하루 네 단계씩 6일 완성
3장	소수의 곱셈	하루 한 단계씩 7일 완성	하루 한 단계씩 7일 완성	
4장	소수의 나눗셈	하루 한 단계씩 14일 완성	하루 한 단계씩 14일 완성	하루 한 단계씩 14일 완성

1장 소수 알기

무엇을 배우나요?

- 분모가 10인 분수를 통하여 소수를 알고, 소수를 쓰고 읽을 수 있어요.
- 자연수와 소수로 이루어진 소수를 알고, 0.1이 몇 개인지 이용하여 소수의 크기를 비교할 수 있어요.
- $\frac{1}{100}$=0.01을 이용하여 소수 두 자리 수를 알 수 있어요.
- $\frac{1}{1000}$=0.001을 이용하여 소수 세 자리 수를 알 수 있어요.
- 그림을 이용하여 소수의 크기 비교를 이해하고, 각 자리 수를 보고 두 소수의 크기를 비교할 수 있어요.
- 1, 0.1, 0.01, 0.001 사이의 관계를 알고, 각 단위 사이의 관계로 응용할 수 있어요.

3학년

분수와 소수

분모가 10인 분수를 소수로 나타내기

1보다 큰 소수 알아보기

소수의 크기 비교하기

3학년

분수와 소수

똑같이 나누어 볼까요?

분수 알기

분모가 같은 분수의 크기 비교

단위분수의 크기 비교

4학년

소수의 덧셈과 뺄셈

소수 두 자리 수 알아보기

소수 세 자리 수 알아보기

소수의 크기 비교하기

소수 사이의 관계 알아보기

4학년

소수의 덧셈과 뺄셈

소수 한 자리 수의 덧셈

소수 한 자리 수의 뺄셈

소수 두 자리 수의 덧셈

소수 두 자리 수의 뺄셈

1장 소수 알기	초등 4학년 (31일 진도)	초등 5학년 (26일 진도)	초등 6학년 (20일 진도)
	하루 세 단계씩 공부해요.	하루 세 단계씩 공부해요.	하루 네 단계씩 공부해요.

 권장 진도표에 맞춰 공부하고, 공부한 단계에 해당하는 조각에 색칠하세요.

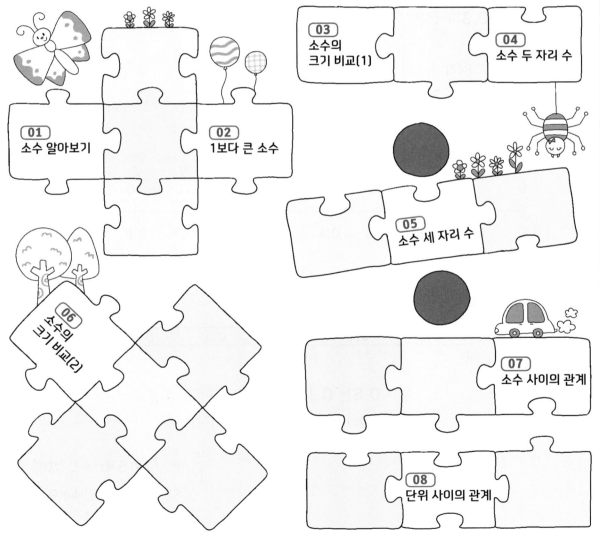

01 소수 알아보기

02 1보다 큰 소수

03 소수의 크기 비교(1)

04 소수 두 자리 수

05 소수 세 자리 수

06 소수의 크기 비교(2)

07 소수 사이의 관계

08 단위 사이의 관계

○ 3학년 분수와 소수
  (분수 알아보기)

○ 3학년 분수와 소수
  (소수 알아보기)

○ 3학년 분수와 소수
  (1보다 큰 소수)

?! 기억해 볼까요?

분수를 써넣으세요.

① 똑같이 10개로 나눈 것 중의 1
   → ☐

② 똑같이 10개로 나눈 것 중의 3
   → ☐

③ $\dfrac{1}{10}$이 6개인 수 → ☐

④ $\dfrac{1}{10}$이 9개인 수 → ☐

30초 개념

0.1, 0.2, 0.3과 같은 수를 소수라 하고 '.'을 소수점이라고 해요.

⊘ 소수 쓰고 읽기

$\dfrac{1}{10}$, $\dfrac{2}{10}$, $\dfrac{3}{10}$ …… $\dfrac{9}{10}$를 0.1, 0.2, 0.3 …… 0.9라 쓰고 영 점 일, 영 점 이, 영 점 삼 …… 영 점 구라고 읽어요.

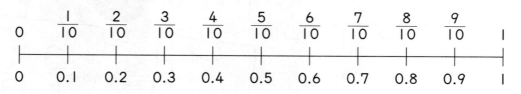

⊘ 0.5 알아보기

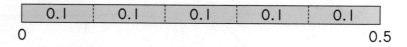

0.5는 0.1이 5개인 수입니다.
0.1이 5개이면 0.5입니다.

$\dfrac{5}{10}$가 $\dfrac{1}{10}$이 5개인 수인 것처럼
0.5는 0.1이 5개인 수예요.

🍗 그림을 보고 분수로 나타낸 뒤 분수를 소수로 나타내세요.

1

분수	소수
$\dfrac{7}{10}$	0.7

2

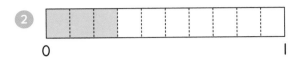

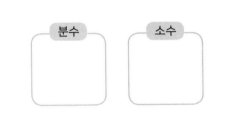

분수	소수

3

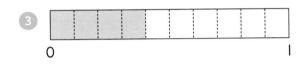

분수	소수

4

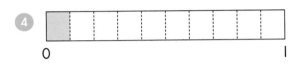

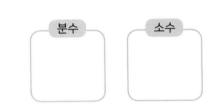

분수	소수

5

분수	소수

6

분수	소수

7

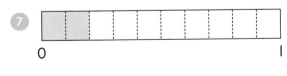

분수	소수

8

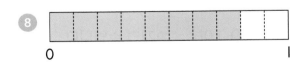

분수	소수

개념 다지기

🍗 분수와 크기가 같은 소수를 쓰고 읽으세요.

1
$\dfrac{1}{10}$

쓰기	0.1
읽기	영 점 일

2
$\dfrac{3}{10}$

쓰기	
읽기	

3
$\dfrac{9}{10}$

쓰기	
읽기	

4
$\dfrac{6}{10}$

쓰기	
읽기	

5
$\dfrac{2}{10}$

쓰기	
읽기	

6
$\dfrac{5}{10}$

쓰기	
읽기	

7
$\dfrac{4}{10}$

쓰기	
읽기	

8
$\dfrac{8}{10}$

쓰기	
읽기	

🍗 ☐ 안에 알맞은 수를 써넣으세요.

9 0.3은 0.1이 ☐ 개인 수입니다.

10 0.7은 0.1이 ☐ 개인 수입니다.

11 0.2는 0.1이 ☐ 개인 수입니다.

12 ☐ 는 0.1이 9개인 수입니다.

13 0.1이 5개인 수는 ☐ 입니다.

14 0.1이 8개인 수는 ☐ 입니다.

15 0.1이 4개인 수는 ☐ 입니다.

16 0.1이 ☐ 개인 수는 0.6입니다.

개념 키우기

🦴 소수로 쓰고 읽으세요.

1 0.1이 4개인 수

쓰기	
읽기	

2 0.1이 9개인 수

쓰기	
읽기	

3 0.1이 7개인 수

쓰기	
읽기	

4 $\frac{3}{10}$ 과 크기가 같은 소수

쓰기	
읽기	

5 $\frac{5}{10}$ 와 크기가 같은 소수

쓰기	
읽기	

6 $\frac{8}{10}$ 과 크기가 같은 소수

쓰기	
읽기	

도전해 보세요

🐾 ☐ 안에 알맞은 수를 써넣으세요.

1 $\frac{1}{10}$ 이 10개인 수는 $\frac{\boxed{}}{10}$ 입니다.

2 0.1이 10개인 수는 $\boxed{}$ 입니다.

02 1보다 큰 소수

○ 3학년 분수와 소수
(소수 알아보기)

○ 3학년 분수와 소수
(1보다 큰 소수)

○ 3학년 분수와 소수
(소수 두 자리 수)

?! 기억해 볼까요?

소수로 쓰고 읽으세요.

1 0.1이 4개인 수

쓰기	
읽기	

2 $\dfrac{6}{10}$과 크기가 같은 소수

쓰기	
읽기	

30초 개념

0.1이 10개이면 1입니다. 0.1이 10개보다 많으면 1보다 큰 소수예요.

◎ 1.8 알아보기

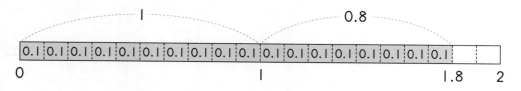

1과 0.8만큼인 수를 1.8이라고 씁니다.

1.8은 일 점 팔이라고 읽습니다.

1.8은 0.1이 18개인 수입니다.

대분수를 소수로
나타낼 수 있어요.

분수 $1\dfrac{8}{10}$을 소수로 나타내면 1.8입니다.

$$1\dfrac{8}{10} = 1.8$$

16

🦴 수직선을 보고 ☐ 안에 알맞은 수를 써넣으세요.

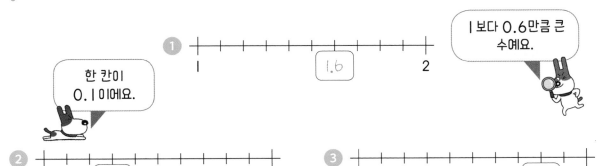

한 칸이 0.1이에요.

1보다 0.6만큼 큰 수예요.

🦴 소수로 쓰고 읽으세요.

⑧ 1과 0.6만큼인 수

쓰기	읽기

⑨ 3과 0.1만큼인 수

쓰기	읽기

⑩ 5와 0.9만큼인 수

쓰기	읽기

⑪ 7과 0.2만큼인 수

쓰기	읽기

⑫ 9와 0.7만큼인 수

쓰기	읽기

⑬ 8과 0.5만큼인 수

쓰기	읽기

17

개념 다지기

🍗 □ 안에 알맞은 수를 써넣으세요.

① 2.5는 0.1이 □ 개인 수입니다.

② 3.7은 0.1이 □ 개인 수입니다.

③ 9.1은 0.1이 □ 개인 수입니다.

④ 4.2는 0.1이 □ 개인 수입니다.

⑤ 1.3은 0.1이 □ 개인 수입니다.

⑥ 6.6은 0.1이 □ 개인 수입니다.

⑦ 7은 0.1이 □ 개인 수입니다.

⑧ □ 은 0.1이 58개인 수입니다.

⑨ 0.1이 84개인 수는 □ 입니다.

⑩ 0.1이 36개인 수는 □ 입니다.

⑪ 0.1이 72개인 수는 □ 입니다.

⑫ 0.1이 99개인 수는 □ 입니다.

⑬ 0.1이 65개인 수는 □ 입니다.

⑭ 0.1이 53개인 수는 □ 입니다.

⑮ 0.1이 40개인 수는 □ 입니다.

⑯ 0.1이 □ 개인 수는 1.8입니다.

개념 키우기

🦴 소수로 쓰고 읽으세요.

1 2와 0.7만큼인 수

쓰기	읽기

2 6과 0.1만큼인 수

쓰기	읽기

3 0.1이 34개인 수

쓰기	읽기

4 0.1이 68개인 수

쓰기	읽기

5 0.1이 49개인 수

쓰기	읽기

6 0.1이 91개인 수

쓰기	읽기

7 $3\dfrac{8}{10}$ 과 크기가 같은 소수

쓰기	읽기

8 $7\dfrac{1}{10}$ 과 크기가 같은 소수

쓰기	읽기

도전해 보세요

🐾 ☐ 안에 알맞은 수를 써넣으세요.

3.7은 0.1이 ☐ 개인 수입니다. 3.7보다 0.4 더 큰 수는 3.7보다 0.1이 4개 더 많은 수이므로 0.1이 모두 ☐ 개인 수입니다. 따라서 3.7보다 0.4 더 큰 수는 ☐ 입니다.

03 소수의 크기 비교(1)

기억해 볼까요?

□ 안에 알맞은 수를 써넣으세요.

1 3.7은 0.1이 ▢개인 수입니다.

2 0.1이 42개인 수는 ▢입니다.

30초 개념

소수의 크기를 비교할 때는 0.1의 개수를 비교하거나 자연수 부분부터 차례로 비교해요.

🎯 소수의 크기 비교 방법

방법1 두 소수 중 0.1의 개수가 더 많은 소수가 큰 소수예요.

$$1.3 < 2.1$$

1.3은 0.1이   2.1은 0.1이
13개입니다.   21개입니다.

방법2 ① 두 소수 중 자연수 부분이 큰 소수가 더 큰 소수예요.

$$1.3 < 2.1$$

자연수 부분을 비교합니다.

② 자연수 부분이 같으면 소수 첫째 자리 수를 비교해요.

$$2.4 < 2.7$$

자연수 부분이 같으면
소수 첫째 자리 수를 비교합니다.

수직선에서 오른쪽에
있는 수가 더 큰 수예요.

2.1이 1.3보다 오른쪽에 있으므로
2.1이 1.3보다 더 큽니다.

0.1의 개수를 비교하여 ○ 안에 >, =, <를 알맞게 써넣으세요.

1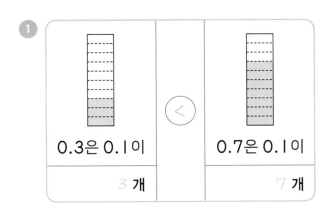
0.3은 0.1이   <   0.7은 0.1이
3 개   7 개

2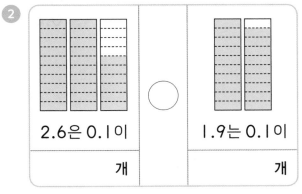
2.6은 0.1이   ○   1.9는 0.1이
개   개

3
0.4는 0.1이   ○   0.9는 0.1이
개   개

4
0.6은 0.1이   ○   0.7은 0.1이
개   개

5
1.4는 0.1이   ○   1.8은 0.1이
개   개

6
3.5는 0.1이   ○   3.2는 0.1이
개   개

7
4.7은 0.1이   ○   9.1은 0.1이
개   개

8
3.4는 0.1이   ○   6.5는 0.1이
개   개

9
4.2는 0.1이   ○   3.8은 0.1이
개   개

10
7.3은 0.1이   ○   3.7은 0.1이
개   개

🦴 두 수의 크기를 비교하여 ◯ 안에 >, =, <를 알맞게 써넣으세요.

① 0.3 ◯ 0.7　　② 0.6 ◯ 0.2　　③ 0.5 ◯ 0.1

④ 0.9 ◯ 0.4　　⑤ 3.9 ◯ 2.1　　⑥ 4.3 ◯ 6.7

⑦ 5.3 ◯ 9.7　　⑧ 7.3 ◯ 1.1　　⑨ 5.1 ◯ 4.9

⑩ 7.6 ◯ 8.1　　⑪ 4.2 ◯ 3.8　　⑫ 9.4 ◯ 8.9

⑬ 3.1 ◯ 3.8　　⑭ 7.5 ◯ 7.1　　⑮ 6.3 ◯ 6.4

⑯ 9.1 ◯ 9.2　　⑰ 5.9 ◯ 5.1　　⑱ 4.9 ◯ 9.4

개념 키우기

🦴 세 수의 크기를 비교하여 작은 수부터 차례대로 쓰세요.

① 0.3   0.5   0.2

_____

② 0.9   0.1   0.4

_____

③ 1.3   2.1   6.9

_____

④ 5.2   3.9   4.1

_____

⑤ 3.5   8.1   8.4

_____

⑥ 4.1   4.8   4.2

_____

도전해 보세요

① 두 수의 크기를 비교하여 ◯ 안에 >, =, <를 알맞게 써넣으세요.

(1) 4 ◯ 3.9

(2) 6 ◯ 6.1

(3) 12.1 ◯ 3.9

(4) 9.8 ◯ 10.1

② 제자리 멀리뛰기 기록이 다음과 같을 때 가장 멀리 뛴 사람부터 차례대로 이름을 쓰세요.

지은: 2.5 m   원석: 2.4 m
호영: 3.1 m

(   )

3학년 분수와 소수
(소수 알아보기)

4학년 소수의 덧셈과 뺄셈
(소수 두 자리 수)

4학년 소수의 덧셈과 뺄셈
(소수 세 자리 수)

기억해 볼까요?

□ 안에 알맞은 수나 말을 써넣으세요.

분수 $\dfrac{1}{10}$ 은 소수로 □ 이라 쓰고, □ 이라고 읽어요.

30초 개념

소수점 아래에 숫자가 **2**개인 수를 소수 두 자리 수라고 해요.

소수 두 자리 수 쓰고 읽기

① 분수 $\dfrac{1}{100}$ 은 소수로 0.01이라 쓰고,

영 점 영일이라고 읽어요.

② 분수 $\dfrac{64}{100}$ 는 소수로 0.64라 쓰고,

영 점 육사라고 읽어요.

③ 분수 $1\dfrac{23}{100}$ 은 소수로 1.23이라 쓰고,

일 점 이삼이라고 읽어요.

$$\dfrac{1}{100}=0.01$$

0.64를 영점 육십사
라고 읽으면 안 돼요.

0.2는 0.20이라고도 쓸 수 있어요.

0.2는 분수로 $\dfrac{2}{10}$ 이고 0.20은 분수로 $\dfrac{20}{100}$ 입니다.

$\dfrac{20}{100}=\dfrac{2}{10}$ 이므로 0.2는 0.20이라고 쓸 수 있습니다.

이처럼 소수 맨 뒤에 0을 붙여도 크기는 같습니다.

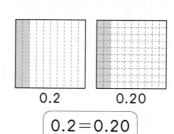

0.2   0.20

0.2＝0.20

🍖 분수를 소수로 나타내고 읽으세요.

1 $\dfrac{17}{100}$ 쓰기 _____0.17_____

읽기 _____영 점 일칠_____

소수점 아래 부분은 숫자만 읽어요.

2 $\dfrac{25}{100}$ 쓰기 _____

읽기 _____

3 $\dfrac{68}{100}$ 쓰기 _____

읽기 _____

4 $\dfrac{3}{100}$ 쓰기 _____

읽기 _____

5 $\dfrac{9}{100}$ 쓰기 _____

읽기 _____

6 $1\dfrac{42}{100}$ 쓰기 _____

읽기 _____

7 $3\dfrac{67}{100}$ 쓰기 _____

읽기 _____

8 $6\dfrac{5}{100}$ 쓰기 _____

읽기 _____

9 $\dfrac{935}{100}$ 쓰기 _____

읽기 _____

10 $\dfrac{302}{100}$ 쓰기 _____

읽기 _____

11 $\dfrac{610}{100}$ 쓰기 _____

읽기 _____

개념 다지기

🦴 ☐ 안에 알맞은 수를 써넣으세요.

1 1.87은
- 1이 ☐ 개
- 0.1이 ☐ 개
- 0.01이 ☐ 개

2 3.51은
- 1이 ☐ 개
- 0.1이 ☐ 개
- 0.01이 ☐ 개

3 3.29는 1이 ☐ 개, 0.1이 ☐ 개, 0.01이 ☐ 개인 수입니다.

4 9.83은 1이 ☐ 개, 0.1이 ☐ 개, 0.01이 ☐ 개인 수입니다.

5 0.42는 1이 ☐ 개, 0.1이 ☐ 개, 0.01이 ☐ 개인 수입니다.

6 0.76은 1이 ☐ 개, 0.1이 ☐ 개, 0.01이 ☐ 개인 수입니다.

7 3.03은 1이 ☐ 개, 0.1이 ☐ 개, 0.01이 ☐ 개인 수입니다.

8 6.09는 1이 ☐ 개, 0.1이 ☐ 개, 0.01이 ☐ 개인 수입니다.

9 4.2는 1이 ☐ 개, 0.1이 ☐ 개, 0.01이 ☐ 개인 수입니다.

10 7.4는 1이 ☐ 개, 0.1이 ☐ 개, 0.01이 ☐ 개인 수입니다.

11 3은 1이 ☐ 개, 0.1이 ☐ 개, 0.01이 ☐ 개인 수입니다.

12 0.05는 1이 ☐ 개, 0.1이 ☐ 개, 0.01이 ☐ 개인 수입니다.

개념 키우기

✎ 소수로 쓰고 읽으세요.

① 0.1이 4개, 0.01이 3개인 수

쓰기 _____

읽기 _____

② 0.1이 7개, 0.01이 2개인 수

쓰기 _____

읽기 _____

③ 1이 7개, 0.1이 5개, 0.01이 1개인 수

쓰기 _____

읽기 _____

④ 1이 3개, 0.1이 2개, 0.01이 9개인 수

쓰기 _____

읽기 _____

⑤ 1이 4개, 0.01이 6개인 수

쓰기 _____

읽기 _____

⑥ 1이 5개, 0.01이 7개인 수

쓰기 _____

읽기 _____

도전해 보세요

① □ 안에 알맞은 수를 써넣으세요.

1이 3개, 0.2가 2개, 0.03이 3개
인 수는 □ 입니다.

② 수직선을 보고 □ 안에 알맞은 수를 써넣
으세요.

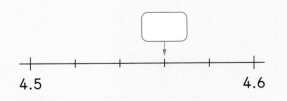

4.5   4.6

○ 4학년 소수의 덧셈과 뺄셈
    (소수 두 자리 수)
    ↓
○ 4학년 소수의 덧셈과 뺄셈
    (소수 세 자리 수)
    ↓
○ 4학년 소수의 덧셈과 뺄셈
    (소수의 크기 비교)

?! 기억해 볼까요?

□ 안에 알맞은 수를 써넣으세요.

① 0.14는 l이 ☐개, 0.1이 ☐개, 0.01이 ☐개인 수입니다.

② 3.58는 l이 ☐개, 0.1이 ☐개, 0.01이 ☐개인 수입니다.

⏱ 30초 개념

소수점 아래에 숫자가 **3**개인 수를 소수 세 자리 수라고 해요.

◎ 소수 세 자리 수 쓰고 읽기

① 분수 $\frac{1}{1000}$은 소수로 0.001이라

쓰고, 영 점 영영일이라고 읽어요.

$\frac{1}{1000} = 0.001$

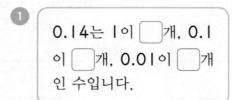

② 분수 $\frac{732}{1000}$는 소수로 0.732라

쓰고, 영 점 칠삼이라고 읽어요.

0.732를 영점 칠백삼십이라고 읽으면 안 돼요.

③ 분수 $2\frac{351}{1000}$은 소수로 2.351이라

쓰고, 이 점 삼오일이라고 읽어요.

2.351을 각 자리의 덧셈식으로 나타낼 수도 있어요.

$$2.351 = 2 + 0.3 + 0.05 + 0.001$$

□ 안에 알맞은 수를 써넣고 읽으세요.

1

읽기 _____

0

0.008 읽기 영 점 영영팔 _____ 0.01

2

읽기 _____

0.52

읽기 _____ 0.53

3

읽기 _____

1.81

읽기 _____ 1.82

4

읽기 _____

3.4

읽기 _____ 3.41

5

읽기 _____

5

읽기 _____ 5.01

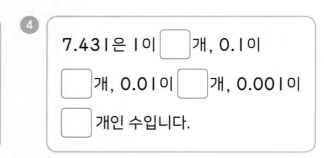

개념 다지기

🦴 ☐ 안에 알맞은 수를 써넣으세요.

1

3.154는
- I이 ☐ 개
- 0.1이 ☐ 개
- 0.01이 ☐ 개
- 0.001이 ☐ 개

2

5.032는
- I이 ☐ 개
- 0.1이 ☐ 개
- 0.01이 ☐ 개
- 0.001이 ☐ 개

3

4.594는 I이 ☐ 개, 0.1이 ☐ 개, 0.01이 ☐ 개, 0.001이 ☐ 개인 수입니다.

4

7.431은 I이 ☐ 개, 0.1이 ☐ 개, 0.01이 ☐ 개, 0.001이 ☐ 개인 수입니다.

5

1.078은 I이 ☐ 개, 0.1이 ☐ 개, 0.01이 ☐ 개, 0.001이 ☐ 개인 수입니다.

6

9.407은 I이 ☐ 개, 0.1이 ☐ 개, 0.01이 ☐ 개, 0.001이 ☐ 개인 수입니다.

7

2.005는 I이 ☐ 개, 0.1이 ☐ 개, 0.01이 ☐ 개, 0.001이 ☐ 개인 수입니다.

8

3.06은 I이 ☐ 개, 0.1이 ☐ 개, 0.01이 ☐ 개, 0.001이 ☐ 개인 수입니다.

개념 키우기

🦴 소수를 각 자리의 덧셈식으로 나타내세요.

① **2.718**

$2.718 = 2 + 0.7 + 0.01 + 0.008$

② **0.624**

③ **0.804**

④ **3.049**

⑤ **4.002**

⑥ **12.132**

도전해 보세요

🐾 □ 안에 알맞은 수를 써넣으세요.

① □ ←— 0.001 작은 수 — **7.382** — 0.001 큰 수 —→ □

② □ ←— 0.001 작은 수 — **1.53** — 0.001 큰 수 —→ □

3학년 분수와 소수
(소수의 크기 비교 (1))

4학년 소수의 덧셈과 뺄셈
(소수의 크기 비교 (2))

4학년 소수의 덧셈과 뺄셈
(소수 사이의 관계)

기억해 볼까요?

소수의 크기를 비교하여 ◯ 안에 >, =, <를 알맞게 써넣으세요.

① 0.3 ◯ 0.7

② 1.9 ◯ 2.1

30초 개념

소수의 크기 비교는 자연수 부분부터 차례대로 비교해요.

🎯 소수의 크기 비교 순서

① 자연수 부분을 비교해요.
➡ 1.913 < 2.102

② 자연수 부분이 같으면 소수 첫째 자리를 비교해요.
➡ 3.415 > 3.197

③ 소수 첫째 자리까지 같으면 소수 둘째 자리를 비교해요.
➡ 5.732 < 5.761

④ 소수 둘째 자리까지 같으면 소수 셋째 자리를 비교해요.
➡ 8.174 > 8.171

> 두 소수의 크기를 비교할 때
> 자릿수에 유의해요.

1.7 < 1.74
1.7은 1.70과 같은 수이므로 1.70과 1.74를 비교해요.

13.12 > 2.79
자연수 부분이 각각 13과 2이므로 13.12가 더 커요. 맨 앞자리인 1과 2를 비교하지 않도록 조심해요.

🦴 수직선에 두 수를 나타내고 크기를 비교하여 ◯ 안에 >, =, <를 알맞게 써넣으세요.

①

수직선에서 오른쪽에 있는 수가 더 커요.

$$0.343 \; \boxed{<} \; 0.348$$

②

$$1.425 \; \bigcirc \; 1.421$$

③

4.5 　　　　　　　　　　　 4.51

$$4.503 \; \bigcirc \; 4.507$$

④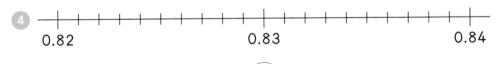

$$0.829 \; \bigcirc \; 0.834$$

⑤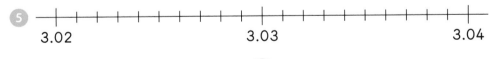

$$3.032 \; \bigcirc \; 3.029$$

⑥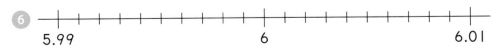

$$6.002 \; \bigcirc \; 5.997$$

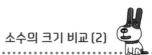

개념 다지기

🍗 두 수의 크기를 비교하여 ○ 안에 >, =, <를 알맞게 써넣으세요.

① 0.425 ◯ 0.578

② 0.762 ◯ 0.198

③ 0.784 ◯ 0.732

④ 0.492 ◯ 0.493

⑤ 7.325 ◯ 5.189

⑥ 1.361 ◯ 5.928

⑦ 6.431 ◯ 6.189

⑧ 4.217 ◯ 4.764

⑨ 5.361 ◯ 5.328

⑩ 4.579 ◯ 4.571

⑪ 9.032 ◯ 9.34

⑫ 4.506 ◯ 4.521

⑬ 12.368 ◯ 5.879

⑭ 10.001 ◯ 9.999

⑮ 15.3 ◯ 1.549

⑯ 7.612 ◯ 7.6

개념 키우기

🦴 세 수의 크기를 비교하여 작은 수부터 차례대로 쓰세요.

① 0.732 0.561 0.894

_____

② 0.134 0.651 0.135

_____

③ 7.125 8.946 7.135

_____

④ 2.156 2.497 2.164

_____

⑤ 3 3.549 2.176

_____

⑥ 3.1 5.94 12.1

_____

도전해 보세요

① □ 안에 들어갈 수 있는 자연수를 모두 쓰세요.

(1) 1.344 < 1.34□ < 1.347

(　　　　　)

(2) 3.4 < 3.□6 < 3.7

(　　　　　)

② 조건 을 모두 만족하는 수를 쓰세요.

조건
- 자연수 부분이 5인 소수 두 자리 수
- 5.7보다 큰 수
- 각 자리 수의 합이 13인 수

(　　　　　　　　)

○ 4학년 소수의 덧셈과 뺄셈
(소수 세 자리 수)

○ 4학년 소수의 덧셈과 뺄셈
(소수 사이의 관계)

○ 4학년 소수의 덧셈과 뺄셈
(소수 한 자리 수의 덧셈)

?! 기억해 볼까요?

□ 안에 알맞은 수를 써넣으세요.

1 0.14는 1이 □개, 0.1이 □개, 0.01이 □개인 수입니다.

2 3.58은 1이 □개, 0.1이 □개, 0.01이 □개인 수입니다.

⏱ 30초 개념

어떤 수를 10배하면 소수점이 오른쪽으로 한 자리 이동해요. 어떤 수를 $\frac{1}{10}$배하면 소수점이 왼쪽으로 한 자리 이동해요.

🎯 소수점의 이동 알아보기

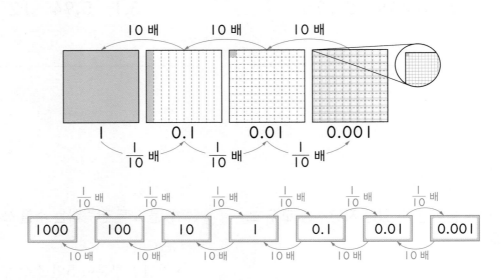

 자연수에는 맨 끝에 소수점이 숨어 있다고 생각하면 소수점을 옮기기 편해요.

$$4 = 4.0$$

소수점을 오른쪽으로 한 칸 옮기면 40, 왼쪽으로 한 칸 옮기면 0.4예요

🍗 빈칸에 알맞은 수를 써넣으세요.

① 0.005 → 10배 → 0.05 → 10배 → 0.5 → 10배 → 5

② 0.024 → 10배 → ☐ → 10배 → ☐ → 10배 → ☐

③ 0.394 → 10배 → ☐ → 10배 → ☐ → 10배 → ☐

④ 2.571 → 10배 → ☐ → 10배 → ☐ → 10배 → ☐

⑤ 2 → $\frac{1}{10}$배 → 0.2 → $\frac{1}{10}$배 → 0.02 → $\frac{1}{10}$배 → 0.002

⑥ 37 → $\frac{1}{10}$배 → ☐ → $\frac{1}{10}$배 → ☐ → $\frac{1}{10}$배 → ☐

⑦ 561 → $\frac{1}{10}$배 → ☐ → $\frac{1}{10}$배 → ☐ → $\frac{1}{10}$배 → ☐

⑧ 3725 → $\frac{1}{10}$배 → ☐ → $\frac{1}{10}$배 → ☐ → $\frac{1}{10}$배 → ☐

🦴 빈칸에 알맞은 수를 써넣으세요.

①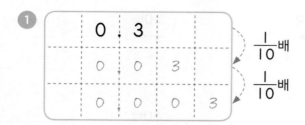

②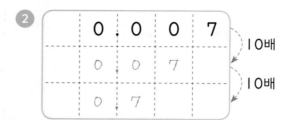

③

④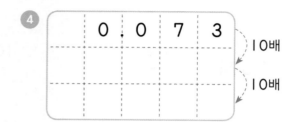

⑤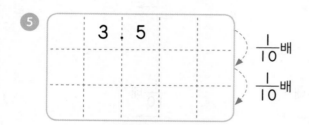

⑥

⑦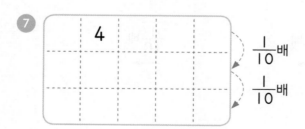

⑧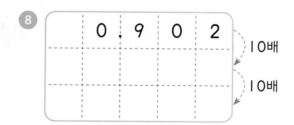

⑨

⑩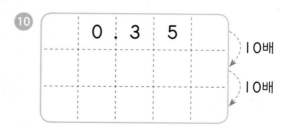

🍗 ☐ 안에 알맞은 수를 써넣으세요.

① 0.4의 10배는 ☐ 입니다.

② 0.5의 10배는 ☐ 입니다.

③ 0.38의 10배는 ☐ 입니다.

④ 0.89의 10배는 ☐ 입니다.

⑤ 0.471의 10배는 ☐ 입니다.

⑥ 5.642의 10배는 ☐ 입니다.

⑦ 3.51의 10배는 ☐ 입니다.

⑧ 12.13의 10배는 ☐ 입니다.

⑨ 4.014의 10배는 ☐ 입니다.

⑩ 8.206의 10배는 ☐ 입니다.

⑪ 0.36의 100배는 ☐ 입니다.

⑫ 0.913의 100배는 ☐ 입니다.

⑬ 1.547의 100배는 ☐ 입니다.

⑭ 3.764의 100배는 ☐ 입니다.

⑮ 4.51의 100배는 ☐ 입니다.

⑯ 3.4의 100배는 ☐ 입니다.

⑰ 0.349의 1000배는 ☐ 입니다.

⑱ 4.952의 1000배는 ☐ 입니다.

개념 다지기

🦴 ☐ 안에 알맞은 수를 써넣으세요.

① 7의 $\frac{1}{10}$배는 ☐ 입니다.

② 8의 $\frac{1}{10}$배는 ☐ 입니다.

③ 0.5의 $\frac{1}{10}$배는 ☐ 입니다.

④ 0.7의 $\frac{1}{10}$배는 ☐ 입니다.

⑤ 0.04의 $\frac{1}{10}$배는 ☐ 입니다.

⑥ 0.87의 $\frac{1}{10}$배는 ☐ 입니다.

⑦ 1.34의 $\frac{1}{10}$배는 ☐ 입니다.

⑧ 12.56의 $\frac{1}{10}$배는 ☐ 입니다.

⑨ 3.7의 $\frac{1}{10}$배는 ☐ 입니다.

⑩ 65.7의 $\frac{1}{10}$배는 ☐ 입니다.

⑪ 3의 $\frac{1}{100}$배는 ☐ 입니다.

⑫ 11의 $\frac{1}{100}$배는 ☐ 입니다.

⑬ 1.3의 $\frac{1}{100}$배는 ☐ 입니다.

⑭ 12.5의 $\frac{1}{100}$배는 ☐ 입니다.

⑮ 121.8의 $\frac{1}{100}$배는 ☐ 입니다.

⑯ 542.7의 $\frac{1}{100}$배는 ☐ 입니다.

⑰ 1의 $\frac{1}{1000}$배는 ☐ 입니다.

⑱ 421의 $\frac{1}{1000}$배는 ☐ 입니다.

✎ ☐ 안에 알맞은 수를 써넣으세요.

① 5612의 $\frac{1}{1000}$배는 ☐ 입니다.

② 2.46의 10배는 ☐ 입니다.

③ 1.549의 1000배는 ☐ 입니다.

④ 0.21의 $\frac{1}{10}$배는 ☐ 입니다.

⑤ 54.1의 $\frac{1}{100}$배는 ☐ 입니다.

⑥ 0.349의 100배는 ☐ 입니다.

도전해 보세요

① ☐ 안에 알맞은 수를 써넣으세요.

(1) 1.568을 1000배 한 수를 $\frac{1}{10}$배 한 수는 ☐ 입니다.

(2) 6.721을 $\frac{1}{100}$배 한 수를 100배 한 수는 ☐ 입니다.

(3) 4.56을 10배 한 수를 $\frac{1}{100}$배 한 수는 ☐ 입니다.

(4) 7.231을 $\frac{1}{10}$배 한 수를 100배 한 수는 ☐ 입니다.

② 화장실 청소에 락스를 사용할 때는 락스 양의 100배만큼의 물에 섞어서 사용해야 합니다. 락스 3.751 mL로 청소할 때 필요한 물의 양은 몇 mL일까요?

( ) mL

3학년 길이와 시간
(1 cm보다 작은 단위,
1 m보다 큰 단위)

3학년 들이와 무게
(들이의 단위, 무게의 단위)

4학년 소수의 덧셈과 뺄셈
(단위 사이의 관계)

기억해 볼까요?

□ 안에 알맞은 수를 써넣으세요.

① 120 cm

= □ m □ cm

② 2 km 500 m = □ m

③ 4100 mL

= □ L □ mL

④ 1 kg 500 g = □ g

30초 개념

길이, 들이, 무게에 사용하는 단위는 소수 사이의 관계를 이용하여 바꿀 수 있어요.

🎯 길이 단위 사이의 관계

10 mm=1 cm
1 mm=0.1 cm

100 cm=1 m
1 cm=0.01 m

1000 m=1 km
1 m=0.001 km

• 1 cm=10 mm이므로 mm단위를 cm단위로 바꿀 때 수는 $\frac{1}{10}$이 됩니다.

예 2 mm=0.2 cm   12 mm=1.2 cm

• 1 m=100 cm이므로 cm단위를 m단위로 바꿀 때 수는 $\frac{1}{100}$이 됩니다.

예 24 cm=0.24 m   124 cm=1.24 m

• 1 km=1000 m이므로 m단위를 km단위로 바꿀 때 수는 $\frac{1}{1000}$이 됩니다.

예 156 m=0.156 km   2156 m=2.156 km

🎯 들이, 무게 단위 사이의 관계

1000 mL=1 L
1 mL=0.001 L

1000 g=1 kg
1 g=0.001 kg

1000 kg=1 t
1 kg=0.001 t

🦴 ☐ 안에 알맞은 수를 써넣으세요.

① 10 mm = ☐ cm

② 1 mm = ☐ cm

③ 5 mm = ☐ cm

④ 3 mm = ☐ cm

⑤ 9 mm = ☐ cm

⑥ 4 mm = ☐ cm

⑦ 8 mm = ☐ cm

⑧ 6 mm = ☐ cm

⑨ 12 mm = ☐ cm

⑩ 150 mm = ☐ cm

⑪ 100 cm = ☐ m

⑫ 1 cm = ☐ m

⑬ 21 cm = ☐ m

⑭ 42 cm = ☐ m

⑮ 1000 m = ☐ km

⑯ 1 m = ☐ km

개념 다지기

🍗 ☐ 안에 알맞은 수를 써넣으세요.

① 1000 mL = ☐ L

② 1 mL = ☐ L

③ 35 mL = ☐ L

④ 550 mL = ☐ L

⑤ 847 mL = ☐ L

⑥ 2169 mL = ☐ L

⑦ 1000 g = ☐ kg

⑧ 1 g = ☐ kg

⑨ 8 g = ☐ kg

⑩ 630 g = ☐ kg

⑪ 1000 kg = ☐ t

⑫ 1500 kg = ☐ t

⑬ 362 cm = ☐ m

⑭ 197 mm = ☐ cm

⑮ 790 cm = ☐ m

⑯ 72 kg = ☐ t

개념 키우기

✎ ☐ 안에 알맞은 수를 써넣으세요.

① 160 mm = ☐ cm

② 806 cm = ☐ m

③ 107 m = ☐ km

④ 970 m = ☐ km

⑤ 1500 mL = ☐ L

⑥ 8 mL = ☐ L

⑦ 1700 g = ☐ kg

⑧ 100 kg = ☐ t

⑨ 7 g = ☐ kg

⑩ 1550 kg = ☐ t

도전해 보세요

① 자동차 1대의 무게는 2500 kg일 때 같은 자동차 2대의 무게는 몇 t일까요?

(   ) t

② 우유 한 팩에 들어있는 우유의 양이 900 mL일 때 우유 10팩에 들어있는 우유의 양은 몇 L일까요?

(   ) L

2장 소수의 덧셈과 뺄셈

무엇을 배우나요?

- 소수 한 자리 수의 덧셈과 뺄셈 계산 원리를 이해하고 계산할 수 있어요.
- 소수 두 자리 수의 덧셈과 뺄셈 계산 원리를 이해하고 계산할 수 있어요.
- 자릿수가 다른 소수의 덧셈과 뺄셈 계산 원리를 이해하고 계산할 수 있어요.

3학년

분수와 소수

분모가 10인 분수를
소수로 나타내기

1보다 큰 소수 알아보기

소수의 크기 비교하기

4학년

소수의 덧셈과 뺄셈

소수 두 자리 수
알아보기

소수 세 자리 수
알아보기

소수의 크기 비교하기

소수 사이의 관계
알아보기

4학년

소수의 덧셈과 뺄셈

소수 한 자리 수의 덧셈

소수 한 자리 수의 뺄셈

소수 두 자리 수의 덧셈

소수 두 자리 수의 뺄셈

5학년

소수의 곱셈

(1보다 작은 소수)×(자연수)

(1보다 큰 소수)×(자연수)

(자연수)×(1보다 작은 소수)

(자연수)×(1보다 큰 소수)

(1보다 작은 소수)×
(1보다 작은 소수)

(1보다 큰 소수)×
(1보다 큰 소수)

곱의 소수점 위치

2장 소수의 덧셈과 뺄셈	초등 4학년 (31일 진도)	초등 5학년 (26일 진도)	초등 6학년 (20일 진도)
	하루 한 단계씩 공부해요.	하루 세 단계씩 공부해요.	하루 네 단계씩 공부해요.

 권장 진도표에 맞춰 공부하고, 공부한 단계에 해당하는 조각에 색칠하세요.

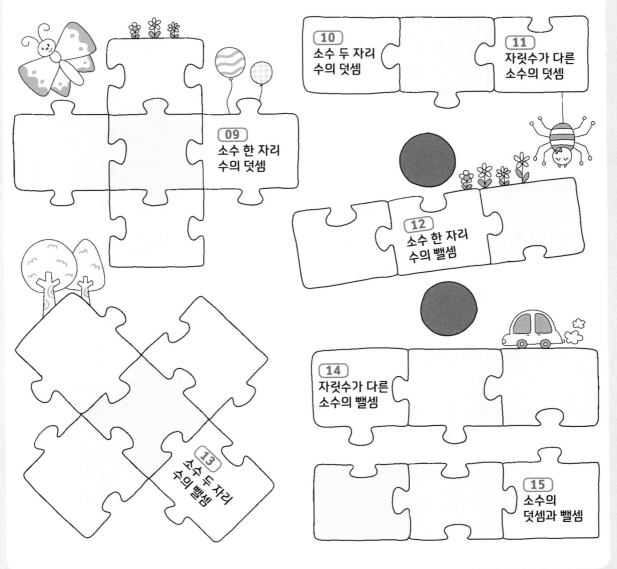

10 소수 두 자리 수의 덧셈

11 자릿수가 다른 소수의 덧셈

09 소수 한 자리 수의 덧셈

12 소수 한 자리 수의 뺄셈

13 소수 두 자리 수의 뺄셈

14 자릿수가 다른 소수의 뺄셈

15 소수의 덧셈과 뺄셈

○ 3학년 분수와 소수
  (소수 한 자리 수)

○ 4학년 소수의 덧셈과 뺄셈
  (소수 한 자리 수의 덧셈)

○ 4학년 소수의 덧셈과 뺄셈
  (소수 한 자리 수의 뺄셈)

기억해 볼까요?

□ 안에 알맞은 수를 써넣으세요.

❶ 0.8은 0.1이 □개

❷ 1.4는 0.1이 □개

❸ 0.1이 22개인 수는 □

❹ 0.1이 30개인 수는 □

30초 개념

소수 한 자리 수의 덧셈은 소수점의 자리를 맞추어 세로로 쓰고, 자연수의 덧셈과 같은 방법으로 같은 자리 수끼리 더한 후 소수점을 내려 찍어요.

🎯 0.8+1.4의 계산원리

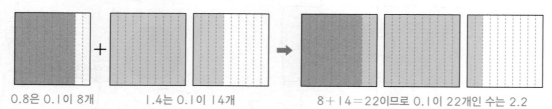

0.8은 0.1이 8개 　　　 1.4는 0.1이 14개 　　　 8+14=22이므로 0.1이 22개인 수는 2.2

| 0.8 | | 1.4 | | 0.8+1.4=2.2 |

🎯 0.8+1.4의 계산방법

소수점끼리 자리를 맞추어 세로로 쓰고 다음과 같이 계산해요.

① 소수 첫째 자리 계산

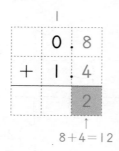

8+4=12

② 일의 자리 계산

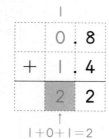

1+0+1=2

소수점을
그대로
내려 찍어요.

🍗 ☐ 안에 알맞은 수를 써넣으세요.

①

0.2는 0.1이 ☐ 개이고

0.4는 0.1이 ☐ 개이므로

0.2+0.4는 0.1이 ☐ 개입니다.

➡ 0.2+0.4= ☐

②

2.2는 0.1이 ☐ 개이고

1.9는 0.1이 ☐ 개이므로

2.2+1.9는 0.1이 ☐ 개입니다.

➡ 2.2+1.9= ☐

🍗 0.1의 개수를 이용하여 소수의 덧셈을 하세요.

③

$$\begin{array}{r} 0.9 \\ +\ 0.6 \\ \hline \end{array}$$

➡

0.9는 0.1이 ☐ 개

+ 0.6은 0.1이 ☐ 개

0.1이 ☐ 개

➡

$$\begin{array}{r} 0.9 \\ +\ 0.6 \\ \hline \end{array}$$

④

$$\begin{array}{r} 2.8 \\ +\ 2.5 \\ \hline \end{array}$$

➡

2.8은 0.1이 ☐ 개

+ 2.5는 0.1이 ☐ 개

0.1이 ☐ 개

➡

$$\begin{array}{r} 2.8 \\ +\ 2.5 \\ \hline \end{array}$$

⑤

$$\begin{array}{r} 3.7 \\ +\ 1.9 \\ \hline \end{array}$$

➡

3.7은 0.1이 ☐ 개

+ 1.9는 0.1이 ☐ 개

0.1이 ☐ 개

➡

$$\begin{array}{r} 3.7 \\ +\ 1.9 \\ \hline \end{array}$$

소수의 덧셈을 하세요.

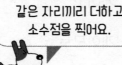

자연수의 덧셈처럼
같은 자리끼리 더하고
소수점을 찍어요.

①
```
  0.3
+ 0.6
  0.9
```

② □
```
  1.2
+ 0.9
  2.1
```

③
```
  0.4
+ 0.4
```

④ □
```
  0.6
+ 0.8
```

⑤
```
  1.4
+ 0.5
```

⑥
```
  1.3
+ 1.2
```

⑦
```
  2.7
+ 1.1
```

⑧
```
  3.4
+ 2.3
```

⑨ □
```
  1.6
+ 0.8
```

⑩ □
```
  2.5
+ 1.7
```

⑪ □
```
  2.8
+ 2.5
```

⑫ □
```
  3.9
+ 1.9
```

⑬ □
```
  2.6
+ 3.5
```

⑭ □
```
  3.7
+ 2.8
```

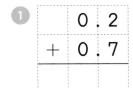 소수의 덧셈을 하세요.

①
```
    0 . 2
+   0 . 7
─────────
```

②
```
    1 . 6
+   0 . 3
─────────
```

③
```
    2 . 4
+   1 . 5
─────────
```

④
```
    0 . 9
+   0 . 6
─────────
```

⑤
```
    1 . 4
+   1 . 8
─────────
```

⑥
```
    2 . 8
+   1 . 5
─────────
```

⑦
```
    3 . 7
+   2 . 6
─────────
```

⑧
```
    4 . 8
+   2 . 7
─────────
```

⑨
```
    5 . 6
+   4 . 5
─────────
```

⑩
```
    6 . 2
+   2 . 9
─────────
```

⑪
```
    7 . 4
+   1 . 7
─────────
```

⑫
```
    8 . 6
+   0 . 8
─────────
```

⑬
```
    6 . 5
+   3 . 9
─────────
```

⑭
```
    7 . 7
+   2 . 8
─────────
```

⑮
```
    5 . 7
+   6 . 4
─────────
```

개념 다지기

🍗 세로셈으로 나타내어 소수의 덧셈을 하세요.

① 0.6+0.3

② 1.4+0.5

소수점끼리 자리를
맞추어 세로로 쓰고
같은 자리끼리
더해요.

③ 0.8+0.9

④ 2.7+1.4

⑤ 5.2+2.9

⑥ 3.7+5.5

⑦ 8.4+1.7

⑧ 5.3+4.8

⑨ 8.1+3.8

⑩ 6.7+6.5

⑪ 7.6+2.7

⑫ 10.6+2.8

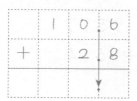

⑬ 4.9+16.4

⑭ 16.5+3.8

개념 키우기

🦴 소수의 덧셈을 하세요.

①
```
   3.7
 + 6.2
```

②
```
   5.4
 + 6.3
```

③
```
   7.2
 + 6.7
```

④
```
   4.8
 + 5.7
```

⑤
```
   7.6
 + 5.5
```

⑥
```
   8.7
 + 6.7
```

⑦ 0.7+1.8=

⑧ 3.6+4.5=

⑨ 8.6+1.7=

⑩ 12.3+2.9=

⑪ 5.5+15.8=

⑫ 12.5+13.6=

도전해 보세요

① □ 안에 알맞은 수를 써넣으세요.

```
  □
  □.6
+ 4.□
─────
  7.2
```

② 계산이 잘못된 곳을 찾아 바르게 계산하세요.

```
  12.7
+  2.5
──────
  37.7
```
➡

53

○ 3학년 분수와 소수
　(소수 두 자리 수)

○ 4학년 소수의 덧셈과 뺄셈
　(소수 두 자리 수의 덧셈)

○ 4학년 소수의 덧셈과 뺄셈
　(소수 두 자리 수의 뺄셈)

기억해 볼까요?

□ 안에 알맞은 수를 써넣으세요.

1 0.13은 0.01이 □개　　**2** 1.04는 0.01이 □개

3 0.01이 212개인 수는 □　　**4** 0.01이 303개인 수는 □

30초 개념

소수 두 자리 수의 덧셈은 소수점의 자리를 맞추어 세로로 쓰고, 자연수의 덧셈과 같은 방법으로 같은 자리 수끼리 더한 후 소수점을 내려 찍어요.

🎯 1.25+3.56의 계산원리

```
   1. 2 5              1.25는 0.01이 125개             1. 2 5
 + 3. 5 6    ➡      + 3.56은 0.01이 356개      ➡    + 3. 5 6
 ─────────          ────────────────────            4. 8 1
                        0.01이 481개
```

🎯 1.25+3.56의 계산방법

소수점끼리 자리를 맞추어 세로로 쓰고 다음과 같이 계산해요.

① 소수 둘째 자리 계산　　② 소수 첫째 자리 계산　　③ 일의 자리 계산

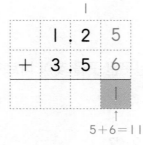

5+6=11

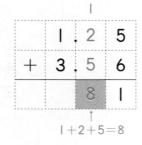

1+2+5=8

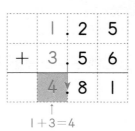

1+3=4
계산이 끝나면
소수점을 그대로
내려 찍어요.

54

소수의 덧셈을 하세요.

①
```
    0 . 2 3
 +  0 . 3 5
```

②
```
    1 . 1 6
 +  0 . 7 3
```

③
```
    1 . 8 6
 +  2 . 1 3
```

④
```
    2 . 3 7
 +  3 . 5 5
```

⑤
```
    3 . 5 6
 +  3 . 2 5
```

⑥
```
    5 . 2 8
 +  3 . 4 5
```

⑦
```
    4 . 5 3
 +  3 . 7 2
```

⑧
```
    0 . 7 5
 +  4 . 7 3
```

⑨
```
    6 . 5 8
 +  2 . 6 1
```

⑩
```
    3 . 4 8
 +  2 . 8 4
```

⑪
```
    5 . 0 6
 +  2 . 9 8
```

⑫
```
    4 . 5 3
 +  4 . 5 8
```

⑬
```
    6 . 4 8
 +  1 . 5 8
```

⑭
```
    5 . 6 9
 +  3 . 3 4
```

⑮
```
    7 . 2 9
 +  2 . 8 4
```

개념 다지기

🍗 세로셈으로 나타내어 소수의 덧셈을 하세요.

① 0.47+0.52

```
    0 . 4 7
+   0 . 5 2
```

② 1.26+0.63

③ 3.04+1.72

④ 0.31+0.84

⑤ 1.95+1.23

⑥ 4.51+2.87

⑦ 2.57+2.17

⑧ 4.39+1.48

⑨ 3.83+4.08

⑩ 1.64+2.85

⑪ 5.92+3.19

⑫ 0.79+7.62

⑬ 7.86+1.95

⑭ 8.09+0.96

⑮ 5.37+3.64

🦴 소수의 덧셈을 하세요.

①
```
   3. 4 7
+  1. 5 2
```

②
```
   0. 6 1
+  3. 8 4
```

③
```
   7. 5 3
+  1. 5 6
```

④
```
   4. 3 7
+  3. 5 8
```

⑤
```
   7. 0 5
+  1. 9 7
```

⑥
```
   5. 2 3
+  3. 7 8
```

⑦ $0.84 + 0.77 =$

⑧ $2.25 + 0.96 =$

⑨ $0.92 + 3.29 =$

⑩ $6.07 + 1.97 =$

⑪ $5.37 + 2.64 =$

⑫ $7.38 + 1.69 =$

도전해 보세요

① 계산 결과를 비교하여 ◯ 안에 >, =, < 를 알맞게 써넣으세요.

$2.62 + 2.88$ ◯ $2.88 + 2.62$

② 작년에 민준이의 키는 1.43 m였고, 올 해는 작년보다 0.08 m가 더 컸다고 합니 다. 올해 민준이의 키는 몇 m일까요?

(   ) m

4학년 소수의 덧셈과 뺄셈
(소수 두 자리 수의 덧셈)

4학년 소수의 덧셈과 뺄셈
(자릿수가 다른 소수의 덧셈)

4학년 소수의 덧셈과 뺄셈
(자릿수가 다른 소수의 뺄셈)

기억해 볼까요?

덧셈을 하세요.

1 3.4+4.7=

2 5.3+3.8=

3 0.59+2.57=

4 4.29+3.75=

30초 개념

자릿수가 다른 소수의 덧셈은 소수점의 자리를 맞추어 세로로 쓰고, 오른쪽 빈 자리에 0을 써서 자릿수를 같게 한 후 자연수의 덧셈과 같은 방법으로 같은 자리 수끼리 더해요.

🎯 0.74+0.2의 계산원리

$$\begin{array}{r} 0.7\ 4 \\ +\ 0.2 \\ \hline \end{array}$$

➡

0.74는 0.01이 74개
+ 0.2는 0.01이 20개
  0.01이 94개

0.2=0.20과 같으므로
0.01이 20개인 수예요.

➡

$$\begin{array}{r} 0.7\ 4 \\ +\ 0.2\ 0 \\ \hline 0.9\ 4 \end{array}$$

오른쪽 빈 자리에 0을
써서 자릿수를 같게 해요.

🎯 0.74+0.2의 계산방법

소수점끼리 자리를 맞추어 세로로 쓰고 다음과 같은 순서로 계산해요.

$$\begin{array}{r} 0.7\ 4 \\ +\ 0.2\ 0 \\ \hline \end{array}$$

자릿수가 다를 때는
오른쪽 끝자리에
0이 있다고 생각해요.

➡

$$\begin{array}{r} 0.7\ 4 \\ +\ 0.2\ 0 \\ \hline 0\ 9\ 4 \end{array}$$

자연수의 덧셈과
같은 방법으로
같은 자리 수끼리 더해요.

➡

$$\begin{array}{r} 0.7\ 4 \\ +\ 0.2\ 0 \\ \hline 0.9\ 4 \end{array}$$

계산이 끝나면
소수점을 그대로
내려 찍어요.

🍗 소수의 덧셈을 하세요.

소수점끼리 자리를 맞추고
0.2를 0.20으로 생각하여
같은 자리 수끼리 더해요.
소수점은 그대로 내려 찍어요.

①
```
  0 . 6 5
+ 0 . 2 0
```

② ⬚ [.]
```
  1 . 8 6
+ 2 . 3 0
```

③
```
  0 . 6 2
+ 0 . 3
```

④
```
  2 . 4
+ 1 . 5 9
```

⑤
```
  7 . 0 5
+ 1 . 8
```

⑥ ⬚
```
  0 . 8 1
+ 3 . 4
```

⑦ ⬚
```
  4 . 5
+ 2 . 6 9
```

⑧ ⬚
```
  5 . 9 4
+ 1 . 3
```

⑨ ⬚
```
  8 . 4
+ 0 . 6 3
```

⑩ ⬚
```
  1 . 7
+ 4 . 9 5
```

⑪ ⬚
```
  5 . 6 7
+ 2 . 5
```

⑫ ⬚
```
  1 . 8
+ 4 . 4 1
```

⑬
```
  3 . 6
+ 3 . 3 7
```

⑭ ⬚
```
  7 . 3
+ 2 . 7 3
```

🍗 소수의 덧셈을 하세요.

①
```
    0 . 2
+   0 . 6   1
```

②
```
    0 . 1   3
+   0 . 7
```

③
```
    4 . 2
+   0 . 5   8
```

④
```
    2 . 4   8
+   3 . 5
```

⑤
```
    4 . 3   2
+   5 . 6
```

⑥
```
    3 . 1
+   5 . 8   2
```

⑦
```
    0 . 4
+   0 . 7   5
```

⑧
```
    4 . 8
+   3 . 3   9
```

⑨
```
    4 . 9   1
+   1 . 9
```

⑩
```
    1 . 7   6
+   6 . 6
```

⑪
```
    5 . 5   7
+   1 . 6
```

⑫
```
    3
+   3 . 8   5
```

⑬
```
    7 . 4
+   1 . 6   3
```

⑭
```
    6 . 7   9
+   1 . 7
```

⑮
```
    6 . 7   2
+   3 . 3
```

🍗 소수의 덧셈을 하세요.

①
```
   0 . 7 6
+  1 . 2
```

②
```
   1 . 5
+  0 . 4 9
```

③
```
   0 . 8 2
+  2
```

④
```
   2 . 6
+  1 . 2 7
```

⑤
```
   3 . 4 3
+  1 . 6
```

⑥
```
   1 . 9
+  1 . 1 9
```

⑦
```
   4 . 2 7
+  3 . 9
```

⑧
```
   5 . 6
+  1 . 4 7
```

⑨
```
   3 . 7 2
+  2 . 5
```

⑩
```
   3 . 6 1
+  3 . 9
```

⑪
```
   2 . 7
+  5 . 8 7
```

⑫
```
   7 . 1 8
+  1 . 9
```

⑬
```
   4 . 8
+  5 . 5 2
```

⑭
```
   6 . 8 3
+  4 . 2
```

⑮
```
   8 . 6
+  7 . 8 3
```

🍗 세로셈으로 나타내어 소수의 덧셈을 하세요.

① 0.53+2.4

② 0.64+2.7

③ 1.3+1.78

④ 1.5+0.47

⑤ 2.65+1.8

⑥ 3+1.62

⑦ 3.63+2.7

⑧ 5.3+2.85

⑨ 4.51+3.5

⑩ 6.1+1.97

⑪ 5.83+2.3

⑫ 4.85+5.3

⑬ 7.8+2.95

⑭ 9.81+3.3

⑮ 7.5+8.92

개념 키우기

🦴 소수의 덧셈을 하세요.

1
```
  0.3 5
+ 1.6
```

2
```
  0.4 2
+ 5.6
```

3
```
  4.5
+ 0.5 5
```

4
```
  4.4 2
+ 3.7
```

5
```
  3.3 5
+ 5.9
```

6
```
  6.7
+ 2.8 3
```

7 1.75+5.5=

8 2.7+5.97=

9 2.95+6.2=

10 4.3+5.73=

11 6.84+4.6=

12 7.6+8.87=

도전해 보세요

1 빈칸에 알맞은 수를 써넣으세요.

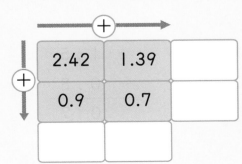

	+	
2.42	1.39	
0.9	0.7	

2 민서는 밀가루 1.43 kg으로 케이크를 만들고, 0.8 kg으로 빵을 만들었습니다. 민서가 케이크와 빵을 만들기 위해 사용한 밀가루는 모두 몇 kg일까요?

(   ) kg

63

12 소수 한 자리 수의 뺄셈

4학년 소수의 덧셈과 뺄셈
(소수 한 자리 수의 덧셈)

4학년 소수의 덧셈과 뺄셈
(소수 한 자리 수의 뺄셈)

4학년 소수의 덧셈과 뺄셈
(소수 두 자리 수의 뺄셈)

기억해 볼까요?

덧셈을 하세요.

① $0.8+0.5=$

② $1.6+2.7=$

③ $3.4+5.8=$

④ $3.9+2.1=$

30초 개념

소수 한 자리 수의 뺄셈은 소수점의 자리를 맞추어 세로로 쓰고, 자연수의 뺄셈과 같은 방법으로 같은 자리 수끼리 뺀 후 소수점을 내려 찍어요.

🎯 $1.5-0.8$의 계산원리

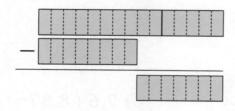

1.5	1.5는 0.1이 15개
0.8	0.8은 0.1이 8개
0.7	0.1이 7개이므로 0.7

(15−8 =7)

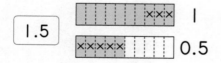

1.5

1.5에서 0.8만큼 ×로 지우면 0.7만큼 남습니다.

🎯 $1.5-0.8$의 계산방법

소수점끼리 자리를 맞추어 세로로 쓰고 다음과 같이 계산해요.

① 소수 첫째 자리 계산

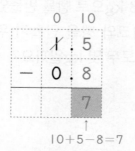

$10+5-8=7$

② 일의 자리 계산

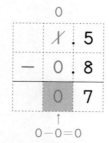

$0-0=0$

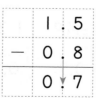

소수점을
그대로 내려 찍어요.

64

□ 안에 알맞은 수를 써넣으세요.

1

0.7은 0.1이 [　] 개이고

0.3은 0.1이 [　] 개이므로

0.7−0.3은 0.1이 [　] 개입니다.

➡ 0.7−0.3 = [　]

2

2.2는 0.1이 [　] 개이고

1.5는 0.1이 [　] 개이므로

2.2−1.5는 0.1이 [　] 개입니다.

➡ 2.2−1.5 = [　]

0.1의 개수를 이용하여 소수의 뺄셈을 하세요.

3

$$\begin{array}{r} 0.9 \\ -\ 0.5 \\ \hline \end{array}$$

➡

0.9는 0.1이 [　] 개

− 0.5는 0.1이 [　] 개

0.1이 [　] 개

➡

$$\begin{array}{r} 0.9 \\ -\ 0.5 \\ \hline \end{array}$$

4

$$\begin{array}{r} 1.3 \\ -\ 0.5 \\ \hline \end{array}$$

➡

1.3은 0.1이 [　] 개

− 0.5는 0.1이 [　] 개

0.1이 [　] 개

➡

$$\begin{array}{r} 1.3 \\ -\ 0.5 \\ \hline \end{array}$$

5

$$\begin{array}{r} 2.4 \\ -\ 1.5 \\ \hline \end{array}$$

➡

2.4는 0.1이 [　] 개

− 1.5는 0.1이 [　] 개

0.1이 [　] 개

➡

$$\begin{array}{r} 2.4 \\ -\ 1.5 \\ \hline \end{array}$$

소수의 뺄셈을 하세요.

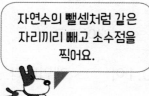
자연수의 뺄셈처럼 같은 자리끼리 빼고 소수점을 찍어요.

1

	0	.	7
−	0	.	3
	0	.	4

2

	⓪	⑩

	1	.	2
−	0	.	9
	0	.	3

3

	0	.	9
−	0	.	7

4

	1	.	7
−	1	.	5

5

	2	.	6
−	1	.	3

6

	3	.	4
−	1	.	1

7

	2	.	8
−	1	.	6

8

	3	.	6
−	2	.	4

9

	1	.	6
−	0	.	8

10

	2	.	4
−	0	.	8

11

	3	.	1
−	2	.	7

12

	4	.	5
−	2	.	7

13

	7	.	4
−	5	.	9

14

	6	.	3
−	4	.	5

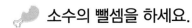 소수의 뺄셈을 하세요.

1
```
  0 . 8
- 0 . 6
```

2
```
  5 . 7
- 2 . 6
```

3
```
  6 . 3
- 3 . 1
```

4
```
  2 . 5
- 0 . 7
```

5
```
  3 . 4
- 1 . 9
```

6
```
  4 . 2
- 3 . 5
```

7
```
  2 . 7
- 1 . 9
```

8
```
  5 . 1
- 4 . 7
```

9
```
  6 . 3
- 2 . 8
```

10
```
  6 . 3
- 3 . 6
```

11
```
  7 . 6
- 4 . 7
```

12
```
  9 . 2
- 1 . 8
```

13
```
  1 0 . 7
-   5 . 8
```

14
```
  1 3 . 3
-   3 . 5
```

15
```
  1 5 . 7
-   8 . 8
```

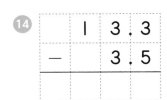

개념 다지기

세로셈으로 나타내어 소수의 뺄셈을 하세요.

① $1.3-0.7$

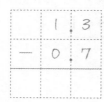

② $2.4-1.3$

③ $3.9-1.8$

④ $2.8-1.9$

⑤ $3.5-0.7$

⑥ $2.3-1.7$

⑦ $4.2-2.3$

⑧ $5.7-2.8$

⑨ $6.4-5.7$

⑩ $7.8-5.9$

⑪ $9.6-4.8$

⑫ $8.2-6.5$

⑬ $11.6-2.7$

⑭ $15.5-4.8$

⑮ $20.3-9.6$

개념 키우기

🦴 소수의 뺄셈을 하세요.

①
$$\begin{array}{r} 0.5 \\ -\ 0.2 \\ \hline \end{array}$$

②
$$\begin{array}{r} 2.7 \\ -\ 1.5 \\ \hline \end{array}$$

③
$$\begin{array}{r} 3.3 \\ -\ 0.8 \\ \hline \end{array}$$

④
$$\begin{array}{r} 4.6 \\ -\ 3.8 \\ \hline \end{array}$$

⑤
$$\begin{array}{r} 7.3 \\ -\ 5.7 \\ \hline \end{array}$$

⑥
$$\begin{array}{r} 8.6 \\ -\ 6.7 \\ \hline \end{array}$$

⑦ $2.7-1.8=$

⑧ $4.6-3.9=$

⑨ $9.2-7.9=$

⑩ $10.3-7.6=$

⑪ $16.4-7.7=$

⑫ $20.4-8.9=$

도전해 보세요

① ㉠, ㉡이 나타내는 수의 차를 구하세요.

$$11 \quad ㉠ \qquad 12 \qquad ㉡ \quad 13$$

(   )

② 시윤이는 0.9 L짜리 우유를 사서 0.5 L를 마셨습니다. 남은 우유는 몇 L일까요?

(   ) L

13 소수 두 자리 수의 뺄셈

○ 4학년 소수의 덧셈과 뺄셈
　 (소수 한 자리 수의 뺄셈)

○ 4학년 소수의 덧셈과 뺄셈
　 (소수 두 자리 수의 뺄셈)

○ 4학년 소수의 덧셈과 뺄셈
　 (자릿수가 다른 소수의 뺄셈)

?! 기억해 볼까요?

뺄셈을 하세요.

① 0.7−0.2=

② 1.8−0.9=

③ 2.3−1.8=

④ 4.5−2.7=

30초 개념

소수 두 자리 수의 뺄셈은 소수점의 자리를 맞추어 세로로 쓰고, 자연수의 뺄셈과 같은 방법으로 같은 자리 수끼리 뺀 후 소수점을 내려 찍어요.

◎ 1.25−0.67의 계산원리

$$
\begin{array}{r}
1.\ 2\ 5 \\
-\ 0.\ 6\ 7 \\
\hline
\end{array}
\Rightarrow
\begin{array}{l}
1.25\text{는 } 0.01\text{이 } 125\text{개} \\
-\ 0.67\text{은 } 0.01\text{이 }\ 67\text{개} \\
\hline
0.01\text{이 }\ 58\text{개}
\end{array}
\Rightarrow
\begin{array}{r}
1.\ 2\ 5 \\
-\ 0.\ 6\ 7 \\
\hline
0.\ 5\ 8
\end{array}
$$

◎ 1.25−0.67의 계산방법

소수점끼리 자리를 맞추어 세로로 쓰고 다음과 같이 계산해요.

① 소수 둘째 자리 계산　② 소수 첫째 자리 계산　③ 일의 자리 계산

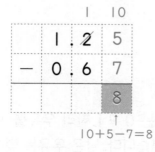

10+5−7=8

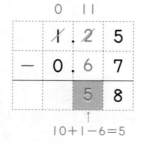

10+1−6=5

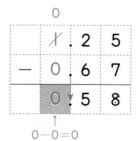

0−0=0

계산이 끝나면 소수점을
그대로 내려 찍어요.

70

소수의 뺄셈을 하세요.

①
```
   0 . 6 7
 - 0 . 4 2
```

②
```
   1 . 8 3
 - 0 . 5 1
```

③
```
   3 . 6 3
 - 1 . 4 2
```

④
```
   0 . 8 5
 - 0 . 6 6
```

⑤
```
   4 . 5 7
 - 1 . 3 9
```

⑥
```
   5 . 7 2
 - 3 . 6 8
```

⑦
```
   4 . 2 5
 - 3 . 5 1
```

⑧
```
   5 . 0 7
 - 0 . 4 6
```

⑨
```
   6 . 7 5
 - 3 . 8 1
```

⑩
```
   5 . 3 6
 - 3 . 5 8
```

⑪
```
   4 . 0 3
 - 2 . 9 8
```

⑫
```
   6 . 7 5
 - 4 . 8 9
```

⑬
```
   7 . 3 5
 - 1 . 6 8
```

⑭
```
   8 . 6 2
 - 5 . 8 5
```

⑮
```
   9 . 2 4
 - 4 . 9 6
```

71

개념 다지기

 세로셈으로 나타내어 소수의 뺄셈을 하세요.

① 0.84-0.42

	0	.	8	4
−	0	.	4	2

② 1.53-0.43

③ 4.63-1.52

④ 5.62-3.52

⑤ 4.64-2.25

⑥ 5.48-2.73

⑦ 3.57-2.79

⑧ 6.39-1.58

⑨ 5.06-4.12

⑩ 4.62-2.38

⑪ 6.16-3.07

⑫ 7.26-5.19

⑬ 3.58-1.69

⑭ 7.02-4.89

⑮ 9.42-6.64

개념 키우기

🦴 소수의 뺄셈을 하세요.

①
```
  3. 5 2
- 2. 5 1
```

②
```
  5. 4 7
- 2. 8 4
```

③
```
  3. 6 7
- 1. 5 8
```

④
```
  4. 6 1
- 3. 5 8
```

⑤
```
  7. 0 5
- 2. 9 7
```

⑥
```
  5. 3 2
- 3. 7 8
```

⑦ 0.94−0.73=

⑧ 6.55−2.94=

⑨ 5.83−3.59=

⑩ 6.14−4.65=

⑪ 7.05−5.97=

⑫ 8.25−7.67=

도전해 보세요

① 계산 결과가 같은 것끼리 선으로 이어 보세요.

0.42+0.19	•	•	3.42−1.51
0.54+1.07	•	•	0.85−0.24
0.31+1.6	•	•	2.5−0.89

② 민서가 키우는 강아지의 몸무게는 5.28 kg이고, 고양이의 몸무게는 2.95 kg입니다. 강아지는 고양이보다 몇 kg 더 무겁나요?

(   ) kg

○ 4학년 소수의 덧셈과 뺄셈
  (소수 두 자리 수의 뺄셈)

○ 4학년 소수의 덧셈과 뺄셈
  (자릿수가 다른 소수의 뺄셈)

○ 5학년 소수의 곱셈
  (소수의 곱셈)

기억해 볼까요?

계산하세요.

❶ $0.52 + 0.7 =$

❷ $4.7 + 3.96 =$

❸ $6.5 - 4.9 =$

❹ $4.84 - 2.78 =$

30초 개념

자릿수가 다른 소수의 뺄셈은 소수점의 자리를 맞추어 세로로 쓰고, 오른쪽 빈 자리에 0을 써서 자릿수를 같게 한 후 자연수의 뺄셈과 같은 방법으로 같은 자리 수끼리 빼요.

◎ $1.5 - 0.84$의 계산원리

$$
\begin{array}{r} 1.5 \\ - 0.84 \\ \hline \end{array}
\Rightarrow
\begin{array}{r} 1.5\text{는 } 0.01\text{이 } 150\text{개} \\ - \ 0.84\text{는 } 0.01\text{이 } 84\text{개} \\ \hline 0.01\text{이 } 66\text{개} \end{array}
\Rightarrow
\begin{array}{r} 1.5\;0 \\ - 0.8\;4 \\ \hline 0.6\;6 \end{array}
$$

> 1.5=1.50과 같으므로 0.01이 150개인 수예요.

> 오른쪽 빈 자리에 0을 써서 자릿수를 같게 해요.

◎ $1.5 - 0.84$의 계산방법

소수점끼리 자리를 맞추어 세로로 쓰고 다음과 같은 순서로 계산해요.

$$
\begin{array}{r} 1.5\;0 \\ - 0.8\;4 \\ \hline \end{array}
\Rightarrow
\begin{array}{r} {}^{0}\;\;{}^{14}\;{}^{10} \\ \cancel{1}.5\;0 \\ - 0.8\;4 \\ \hline 0\;6\;6 \end{array}
\Rightarrow
\begin{array}{r} 1.5\;0 \\ - 0.8\;4 \\ \hline 0.6\;6 \end{array}
$$

자릿수가 다를 때는 오른쪽 끝자리에 0이 있다고 생각해요.

자연수의 뺄셈과 같은 방법으로 같은 자리 수끼리 빼요.

계산이 끝나면 소수점을 그대로 내려 찍어요.

소수의 뺄셈을 하세요.

소수점끼리 자리를 맞추고
0.2를 0.20으로 생각하여
같은 자리 수끼리 빼요.
소수점은 그대로 내려 찍어요.

①

```
    0 . 5   8
 -  0 . 2   0
 ─────────────
    0 . 3   8
```

②

```
   0  13  10
    X . 4   0
 -  0 . 7   2
 ─────────────
    0 . 6   8
```

③

```
    1 . 7   3
 -  0 . 7
 ─────────────
```

④

```
    2 . 7   4
 -  1 . 8
 ─────────────
```

⑤

```
    2 . 4
 -  0 . 8   1
 ─────────────
```

⑥

```
    3 . 8   4
 -  0 . 9
 ─────────────
```

⑦

```
    5 . 5   9
 -  3 . 7
 ─────────────
```

⑧

```
    6 . 9
 -  4 . 8   1
 ─────────────
```

⑨

```
    4 . 2
 -  0 . 7   3
 ─────────────
```

⑩

```
    5 . 6
 -  2 . 3   9
 ─────────────
```

⑪

```
    7 . 1   4
 -  5 . 2
 ─────────────
```

⑫

```
    3 . 4
 -  2 . 8   5
 ─────────────
```

⑬

```
    6 . 1
 -  4 . 7   9
 ─────────────
```

⑭

```
    8 . 8   1
 -  6 . 9
 ─────────────
```

🍗 소수의 뺄셈을 하세요.

①
```
  0.7 1
- 0.7
```

②
```
  2.6 7
- 1.3
```

③
```
  5.4 8
- 3.2
```

④
```
  4.3 5
- 2.5
```

⑤
```
  5.6 3
- 4.8
```

⑥
```
  7.2 1
- 5.8
```

⑦
```
  6.1 7
- 3.7
```

⑧
```
  5.2
- 3.7 9
```

⑨
```
  6.8
- 0.9 7
```

⑩
```
  6.4
- 5.2 3
```

⑪
```
  5.8
- 1.7 2
```

⑫
```
  8.7
- 5.7 4
```

⑬
```
  7.3
- 1.5 9
```

⑭
```
  8.7 9
- 1.7
```

⑮
```
  8.8
- 2.1 6
```

🍗 소수의 뺄셈을 하세요.

①
```
  0 . 7 9
- 0 . 5
```

②
```
  1 . 4 6
- 1 . 4
```

③
```
  3 . 8 6
- 2 . 6
```

④
```
  2 . 5 4
- 1 . 6
```

⑤
```
  4 . 1 3
- 2 . 7
```

⑥
```
  5 . 0 2
- 3 . 3
```

⑦
```
  6 . 3 7
- 3 . 9
```

⑧
```
  5 . 8
- 4 . 7 2
```

⑨
```
  7 . 3 9
- 6 . 8
```

⑩
```
  5 . 4
- 3 . 7 8
```

⑪
```
  3 . 8
- 1 . 9 5
```

⑫
```
  8 . 4
- 6 . 3 9
```

⑬
```
  7 . 5
- 5 . 5 3
```

⑭
```
  6 . 1
- 3 . 0 4
```

⑮
```
  8 . 6
- 7 . 8 3
```

개념 다지기

🍗 세로셈으로 나타내어 소수의 뺄셈을 하세요.

1 0.73 − 0.4

```
    0 . 7  3
  −  0 . 4  0
```

2 0.81 − 0.8

3 3.47 − 2.3

4 3.05 − 2.8

5 1.72 − 0.8

6 4.37 − 1.7

7 5.82 − 3.9

8 6.49 − 5.5

9 4.1 − 0.09

10 5.9 − 2.97

11 7.3 − 3.99

12 8.1 − 7.03

13 7.5 − 4.98

14 9.2 − 3.31

15 8.4 − 7.49

개념 키우기

🦴 소수의 뺄셈을 하세요.

1
```
  2.3 5
-   1.6
```

② 2
```
  5.6 2
-   4.8
```

③ 3
```
  6.2 7
-   3.5
```

④ 4
```
  5.4
- 3.7 2
```

⑤ 5
```
  4.9
- 2.8 6
```

⑥ 6
```
  7.3
- 6.8 3
```

⑦ 7 $4.73-2.5=$

⑧ 8 $6.35-5.9=$

⑨ 9 $8.5-6.51=$

⑩ 10 $3.9-1.82=$

⑪ 11 $6.4-5.97=$

⑫ 12 $9.3-4.39=$

도전해 보세요

① 1 빈 곳에 알맞은 수를 써넣으세요.

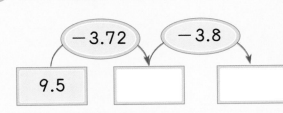

② 2 민서의 운동 전 몸무게는 42.25 kg, 운동 후 몸무게는 41.7 kg입니다. 민서의 몸무게는 몇 kg이 줄었나요?

(   ) kg

○ 2학년 덧셈과 뺄셈
　(세 수의 덧셈과 뺄셈)

○ 4학년 소수의 덧셈과 뺄셈
　(자릿수가 다른 소수의 덧셈,
　자릿수가 다른 소수의 뺄셈)

○ 4학년 소수의 덧셈과 뺄셈
　(소수의 덧셈과 뺄셈)

기억해 볼까요?

계산하세요.

① 25+14+19=

② 61-17-26=

③ 5.8+0.26=

④ 4.5-2.94=

30초 개념

덧셈과 뺄셈이 섞여 있는 세 소수의 계산은 앞에서부터 두 수씩 차례로 계산해요.

◎ 1.7+2.58-1.5의 계산

1.7+2.58-1.5=2.78
① 4.28
② 2.78

①
$$\begin{array}{r} 1.\,7 \\ +\ 2.5\ 8 \\ \hline 4.2\ 8 \end{array}$$

②
$$\begin{array}{r} 4.2\ 8 \\ -\quad 1.5 \\ \hline 2.7\ 8 \end{array}$$

◎ 5.2-3.54+1.5의 계산

5.2-3.54+1.5=3.16
① 1.66
② 3.16

①
$$\begin{array}{r} 5.2 \\ -\ 3.5\ 4 \\ \hline 1.6\ 6 \end{array}$$

②
$$\begin{array}{r} 1.6\ 6 \\ +\ 1.5 \\ \hline 3.1\ 6 \end{array}$$

덧셈과 뺄셈이 섞여 있는
세 소수의 계산은 반드시
앞에서부터 계산해요.

🦴 ☐ 안에 알맞은 수를 써넣으세요.

① 0.5＋1.6－0.2＝☐
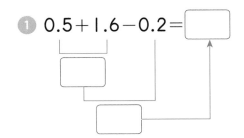

② 3.4－0.7＋2.8＝☐
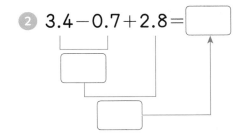

③ 1.53＋2.47－0.5＝☐
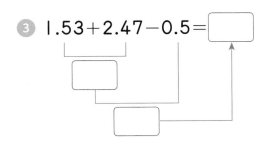

④ 4.52－1.75＋0.95＝☐
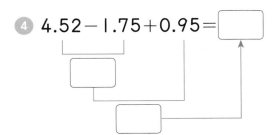

⑤ 3.59＋4.6－3.2＝☐
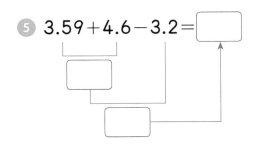

⑥ 5.97＋3.4－8.4＝☐
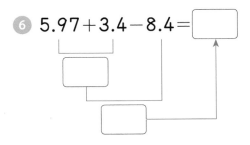

⑦ 4.35－1.7＋5.5＝☐
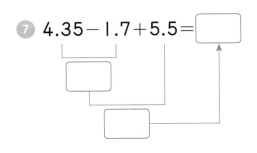

⑧ 9.4－1.82＋1.6＝☐
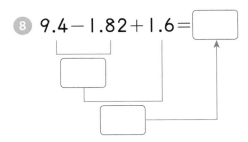

개념 다지기

🦴 계산하세요.

① 1.7+2.4−3.6=

② 4.2+3.8−5.9=

③ 5.3−2.8+3.5=

④ 7.2−1.5+2.9=

⑤ 2.74+3.15−3.49=

⑥ 5.64+2.57−1.72=

⑦ 6.21−2.58+4.52=

⑧ 7.21−1.64+2.68=

⑨ 6.3−1.16+3.66=

⑩ 2.64+3.8−5.59=

⑪ 3.7+4.57−1.76=

⑫ 9.5+1.84−0.8=

⑬ 12.3−2.51+0.3=

⑭ 15.5−3.82+4.5=

🦴 계산하세요.

① 0.8+3.54−3.9=

② 2.83+4.3−3.25=

③ 6.72−2.8+6.2=

④ 11.4−1.51+0.7=

⑤ 8.7+2.41−1.11=

⑥ 9.43−3.4+4.97=

도전해 보세요

① 빈칸에 알맞은 수를 써넣으세요.

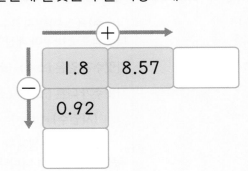

② 민서의 몸무게는 38.5 kg입니다. 서준이의 몸무게는 민서보다 2.35 kg 더 무겁고, 예서의 몸무게는 서준이보다 1.8 kg 더 가볍습니다. 예서의 몸무게는 몇 kg일까요?

(   ) kg

3장 소수의 곱셈

무엇을 배우나요?

- (1보다 작은 소수) × (자연수), (1보다 큰 소수) × (자연수)의 계산 원리를 이해하고 계산할 수 있어요.
- (자연수) × (1보다 작은 소수), (자연수) × (1보다 큰 소수)의 계산 원리를 이해하고 계산할 수 있어요.
- 1보다 작은 소수끼리, 1보다 큰 소수끼리의 계산 원리를 이해하고 계산할 수 있어요.
- 소수의 곱셈에서 곱의 소수점 위치 변화의 원리를 이해하여 계산할 수 있어요.

6학년
소수의 나눗셈
자연수의 나눗셈을 이용한
(소수)÷(자연수)

세로셈을 이용한
(소수)÷(자연수)

몫이 1보다 작은
(소수)÷(자연수)

소수점 아래 0을 내려 계산
해야 하는 (소수)÷(자연수)

몫의 소수 첫째 자리에
0이 있는 (소수)÷(자연수)

몫이 소수인 (자연수)÷(자연수)

몫의 소수점 위치 확인하기

(소수)÷(소수)를 자연수의
나눗셈으로 바꾸어 계산하기

자릿수가 같은 (소수)÷(소수)

자릿수가 다른 (소수)÷(소수)

(자연수)÷(소수)

소수의 나눗셈에서
몫을 반올림하여 나타내기

나누어 주고 남는 양

5학년
소수의 곱셈
(1보다 작은 소수)×(자연수)

(1보다 큰 소수)×(자연수)

(자연수)×(1보다 작은 소수)

(자연수)×(1보다 큰 소수)

(1보다 작은 소수)×
(1보다 작은 소수)

(1보다 큰 소수)×
(1보다 큰 소수)

곱의 소수점 위치

4학년
소수의 덧셈과 뺄셈
소수 한 자리 수의 덧셈

소수 한 자리 수의 뺄셈

소수 두 자리 수의 덧셈

소수 두 자리 수의 뺄셈

권장 진도표에 맞춰 공부하고, 공부한 단계에 해당하는 조각에 색칠하세요.

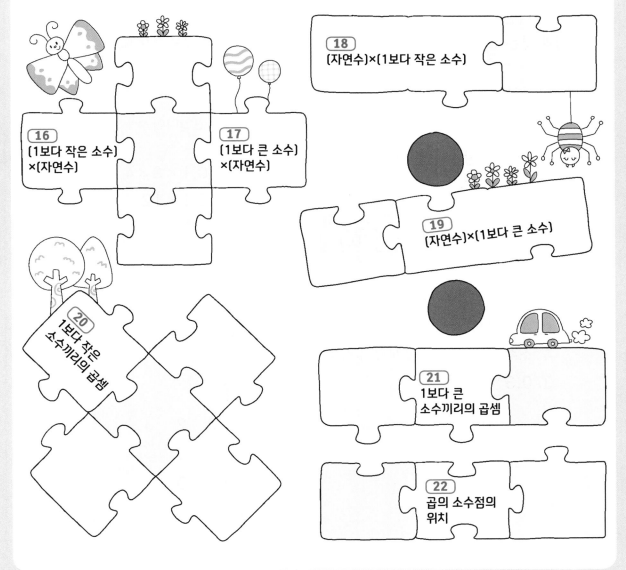

18 (자연수)×(1보다 작은 소수)

16 (1보다 작은 소수)×(자연수)

17 (1보다 큰 소수)×(자연수)

19 (자연수)×(1보다 큰 소수)

20 1보다 작은 소수끼리의 곱셈

21 1보다 큰 소수끼리의 곱셈

22 곱의 소수점의 위치

4학년 소수의 덧셈과 뺄셈
(소수 사이의 관계)

5학년 소수의 곱셈
((1보다 작은 소수)×(자연수))

5학년 소수의 곱셈
((1보다 큰 소수)×(자연수))

기억해 볼까요?

빈칸에 알맞은 수를 써넣으세요.

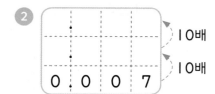

30초 개념

(1보다 작은 소수)×(자연수)는 0.1의 개수로 계산하는 원리를 이해하고, 자연수의 곱셈과 같은 방법으로 계산한 후 소수점의 자리에 맞게 소수점을 찍어요.

🎯 (1보다 작은 소수)×(자연수)의 계산원리

0.3×4에서 0.3은 0.1이 3개이므로 0.3=0.1×3입니다.

0.3	0.1	0.1	0.1
0.3	0.1	0.1	0.1
0.3	0.1	0.1	0.1
0.3	0.1	0.1	0.1

$$0.3 \times 4 = 0.1 \times 3 \times 4$$
$$= 0.1 \times 12$$
$$= 1.2$$

🎯 (1보다 작은 소수)×(자연수)의 계산방법

(1보다 작은 소수)×(자연수)의 계산은 자연수의 곱셈과 같은 방법으로 계산한 후 소수의 자리 수에 맞게 소수점을 찍어요.

① 0.3×4의 계산

```
    0 . 3
×       4
─────────
    1 . 2
```

자연수의 곱셈과 같이 3×4를 계산하고 소수 한 자리 수가 되도록 소수점을 찍어요.

② 0.32×5의 계산

```
    0 . 3 2
×         5
───────────
    1 . 6 0̸
```

자연수의 곱셈과 같이 32×5를 계산하고 소수 두 자리 수가 되도록 소수점을 찍어요.

➡ 1.6

※ 소수점을 찍은 다음 소수점 오른쪽 끝의 0은 생략해요.

소수의 곱셈을 하세요.

①
```
    0 . 2
  ×     4
  ─────────
```

②
```
    0 . 4
  ×     4
  ─────────
```

③
```
    0 . 6
  ×     2
  ─────────
```

④
```
    0 . 6
  ×     7
  ─────────
```

⑤
```
    0 . 8
  ×     5
  ─────────
```

⑥
```
    0 . 9
  ×     6
  ─────────
```

⑦
```
    0 . 1  3
  ×        2
  ───────────
```

⑧
```
    0 . 2  3
  ×        3
  ───────────
```

⑨
```
    0 . 3  2
  ×        2
  ───────────
```

⑩
```
    0 . 1  7
  ×        4
  ───────────
```

⑪
```
    0 . 3  4
  ×        3
  ───────────
```

⑫
```
    0 . 4  5
  ×        4
  ───────────
```

⑬
```
    0 . 3  4  1
  ×           2
  ──────────────
```

⑭
```
    0 . 3  1  4
  ×           3
  ──────────────
```

⑮
```
    0 . 4  2  5
  ×           6
  ──────────────
```

개념 다지기

🍗 세로셈으로 나타내어 소수의 곱셈을 하세요.

① 0.2×6

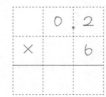

② 0.3×5

③ 0.2×7

④ 0.7×3

⑤ 0.5×9

⑥ 0.8×5

⑦ 0.12×3

⑧ 0.24×3

⑨ 0.32×4

⑩ 0.63×4

⑪ 0.72×8

⑫ 0.85×6

⑬ 0.312×3

⑭ 0.427×3

⑮ 0.925×2

개념 키우기

🦴 소수의 곱셈을 하세요.

1
```
    0.3
  ×   6
```

2
```
    0.8
  ×   8
```

3
```
    0.6
  ×   5
```

4
```
  0.0 8
  ×   9
```

5
```
  0.1 9
  ×   7
```

6
```
  0.8 2
  ×   5
```

7
```
  0.2 1 3
  ×     4
```

8
```
  0.0 7 3
  ×     8
```

9
```
  0.4 7 3
  ×     9
```

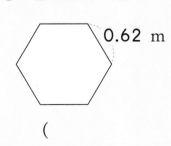

도전해 보세요

1 정육각형의 둘레는 몇 m일까요?

0.62 m

(   ) m

2 소리는 공기 중에서 1초에 0.34 km 를 간다고 합니다. 번개를 본 후 5초 뒤에 천둥 소리를 들었다면 번개가 친 곳은 몇 km 떨어져 있을까요?

(   ) km

17 (1보다 큰 소수)×(자연수)

5학년 소수의 곱셈
((1보다 작은 소수)×(자연수))

5학년 소수의 곱셈
((1보다 큰 소수)×(자연수))

5학년 소수의 곱셈
((자연수)×(1보다 큰 소수))

기억해 볼까요?

곱셈을 하세요.

❶ $0.7 \times 8 =$

❷ $0.25 \times 5 =$

❸ $0.83 \times 4 =$

❹ $0.237 \times 4 =$

30초 개념

(1보다 큰 소수)×(자연수)는 0.1의 개수로 계산하는 원리를 이해하고, 자연수의 곱셈과 같은 방법으로 계산한 후 소수점의 자리에 맞게 소수점을 찍어요.

🎯 (1보다 큰 소수)×(자연수)의 계산원리

1.2×3에서 1.2는 0.1이 12개이므로 $1.2 = 0.1 \times 12$입니다.

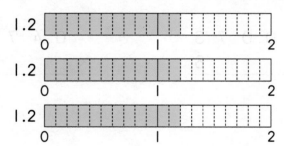

$$1.2 \times 3 = 0.1 \times 12 \times 3$$
$$= 0.1 \times 36$$
$$= 3.6$$

🎯 (1보다 큰 소수)×(자연수)의 계산방법

(1보다 큰 소수)×(자연수)의 계산은 자연수의 곱셈과 같은 방법으로 계산한 후 소수의 자리 수에 맞게 소수점을 찍어요.

① 1.2×3의 계산

		1 .	2
×			3
		3 .	6

자연수의 곱셈과 같이 12×3을 계산하고 소수 한 자리 수가 되도록 소수점을 찍어요.

② 1.32×3의 계산

	1 .	3	2
×			3
	3 .	9	6

자연수의 곱셈과 같이 132×3을 계산하고 소수 두 자리 수가 되도록 소수점을 찍어요.

🍗 소수의 곱셈을 하세요.

1
```
    1 . 3
  ×     3
```

2
```
    1 . 5
  ×     5
```

3
```
    1 . 4
  ×     6
```

4
```
    3 . 2
  ×     4
```

5
```
    2 . 3
  ×     7
```

6
```
    3 . 6
  ×     8
```

7
```
  1 . 3   2
  ×       3
```

8
```
  1 . 4   3
  ×       4
```

9
```
  2 . 5   1
  ×       4
```

10
```
  3 . 5   7
  ×       8
```

11
```
  6 . 0   7
  ×       5
```

12
```
  8 . 5   2
  ×       5
```

13
```
  1 . 4   0   3
  ×           3
```

14
```
  2 . 5   3   2
  ×           4
```

15
```
  6 . 8   2   5
  ×           2
```

개념 다지기

🍗 세로셈으로 나타내어 소수의 곱셈을 하세요.

① 2.2×3

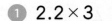

② 3.4×3

③ 2.7×4

④ 1.9×6

⑤ 3.8×9

⑥ 5.8×5

⑦ 3.12×3

⑧ 4.15×7

⑨ 5.41×8

⑩ 7.26×4

⑪ 6.47×6

⑫ 9.28×4

⑬ 2.425×2

⑭ 5.614×6

⑮ 8.428×5

개념 키우기

🦴 소수의 곱셈을 하세요.

①
```
    1 . 5
  ×     3
  ───────
```

②
```
    3 . 8
  ×     7
  ───────
```

③
```
    6 . 4
  ×     5
  ───────
```

④
```
    1 . 0 9
  ×       9
  ─────────
```

⑤
```
    4 . 1 6
  ×       5
  ─────────
```

⑥
```
    7 . 8 4
  ×       6
  ─────────
```

⑦
```
    1 . 4 1 4
  ×         3
  ───────────
```

⑧
```
    2 . 0 6 2
  ×         6
  ───────────
```

⑨
```
    5 . 4 3 7
  ×         3
  ───────────
```

도전해 보세요

① 정사각형의 둘레는 몇 cm일까요?

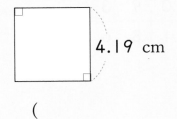

4.19 cm

(   ) cm

② 민준이는 아침마다 운동장 1.4 km를 달린다고 합니다. 민준이가 7일 동안 뛴 거리는 몇 km일까요?

(   ) km

○ 5학년 소수의 곱셈
   ((1보다 큰 소수)×(자연수))

기억해 볼까요?

곱셈을 하세요.

○ 5학년 소수의 곱셈
   ((자연수)×(1보다 작은 소수))

① 2.7×8=

② 3.25×8=

○ 5학년 소수의 곱셈
   ((자연수)×(1보다 큰 소수))

③ 4.62×4=

④ 1.203×4=

30초 개념

(자연수)×(1보다 작은 소수)는 자연수의 곱셈과 같은 방법으로 계산한 후 소수점의
자리에 맞게 소수점을 찍어요.

🎯 (자연수)×(1보다 작은 소수)의 계산원리

2×0.9는 2의 0.9만큼과 같습니다. 2의 0.9만큼은 2의 0.1만큼이 9개입니다.

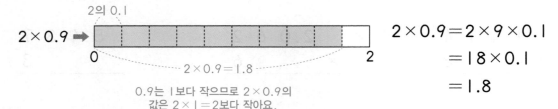

2×0.9 ➡

2의 0.1

0   2

2×0.9=1.8

0.9는 1보다 작으므로 2×0.9의
값은 2×1=2보다 작아요.

$$2 \times 0.9 = 2 \times 9 \times 0.1$$
$$= 18 \times 0.1$$
$$= 1.8$$

🎯 (자연수)×(1보다 작은 소수)의 계산방법

(자연수)×(1보다 작은 소수)의 계산은 자연수의 곱셈과 같은 방법으로 계산한
후 소수의 자리 수에 맞게 소수점을 찍어요.

① 2×0.9의 계산

		2
×	0.	9
	1.	8

자연수의 곱셈과 같
이 2×9를 계산하
고 소수 한 자리 수
가 되도록 소수점을
찍어요.

② 2×0.93의 계산

			2
×	0.	9	3
	1.	8	6

자연수의 곱셈과 같
이 2×93을 계산
하고 소수 두 자리
수가 되도록 소수점
을 찍어요.

2×0.9와 0.9×2의 계산 결과가 같아요.
곱셈의 중요한 성질이니 꼭 기억하세요.

소수의 곱셈을 하세요.

①
```
      2
×  0 . 4
```

②
```
      3
×  0 . 6
```

③
```
      6
×  0 . 5
```

④
```
   1  1
×  0 . 3
```

⑤
```
   1  2
×  0 . 7
```

⑥
```
   1  3
×  0 . 6
```

⑦
```
   2  4
×  0 . 6
```

⑧
```
   3  2
×  0 . 6
```

⑨
```
   6  6
×  0 . 9
```

⑩
```
      3
×  0 . 1  2
```

⑪
```
      7
×  0 . 2  3
```

⑫
```
      9
×  0 . 1  2
```

⑬
```
   1  2
×  0 . 1  4
```

⑭
```
   2  1
×  0 . 1  4
```

⑮
```
   3  2
×  0 . 3  4
```

개념 다지기

🍗 세로셈으로 나타내어 소수의 곱셈을 하세요.

① 6×0.4

```
        6
  ×   0 . 4
```

② 7×0.6

③ 9×0.8

④ 14×0.4

⑤ 23×0.6

⑥ 36×0.7

⑦ 2×0.48

⑧ 6×0.57

⑨ 7×0.12

⑩ 13×0.16

⑪ 17×0.24

⑫ 31×0.18

개념 키우기

소수의 곱셈을 하세요.

①
$$
\begin{array}{r}
5 \\
\times\ 0.9 \\
\hline
\end{array}
$$

②
$$
\begin{array}{r}
1\,4 \\
\times\ 0.6 \\
\hline
\end{array}
$$

③
$$
\begin{array}{r}
2\,5 \\
\times\ 0.5 \\
\hline
\end{array}
$$

④
$$
\begin{array}{r}
7 \\
\times\ 0.2\,9 \\
\hline
\end{array}
$$

⑤
$$
\begin{array}{r}
6 \\
\times\ 0.4\,2 \\
\hline
\end{array}
$$

⑥
$$
\begin{array}{r}
8 \\
\times\ 0.3\,6 \\
\hline
\end{array}
$$

⑦
$$
\begin{array}{r}
1\,3 \\
\times\ 0.2\,4 \\
\hline
\end{array}
$$

⑧
$$
\begin{array}{r}
2\,7 \\
\times\ 0.4\,6 \\
\hline
\end{array}
$$

⑨
$$
\begin{array}{r}
3\,5 \\
\times\ 0.9\,8 \\
\hline
\end{array}
$$

도전해 보세요

① 가로의 길이가 12 cm, 세로의 길이가 0.9 cm인 직사각형의 넓이는 몇 cm²일까요?

(   ) cm²

② 어느 주유소의 휘발유 가격이 1 L당 1625.4원이라고 합니다. 휘발유 20 L의 가격은 얼마일까요?

(   ) 원

5학년 소수의 곱셈
((자연수)×(1보다 작은 소수))

5학년 소수의 곱셈
((자연수)×(1보다 큰 소수))

5학년 소수의 곱셈
((소수)×(소수))

기억해 볼까요?

곱셈을 하세요.

① $2 \times 0.8 =$

② $15 \times 0.3 =$

③ $9 \times 0.37 =$

④ $21 \times 0.83 =$

30초 개념

(자연수)×(1보다 큰 소수)는 자연수의 곱셈과 같은 방법으로 계산한 후 소수점의 자리에 맞게 소수점을 찍어요.

◎ (자연수)×(1보다 큰 소수)의 계산원리

3×2.5에서 $2.5 = 2 + 0.5$이므로 3의 2배만큼과 3의 0.5배만큼을 구한 후 더하면 됩니다.

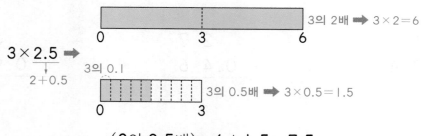

3×2.5 ➡
$2 + 0.5$

3의 2배 ➡ $3 \times 2 = 6$

3의 0.1
3의 0.5배 ➡ $3 \times 0.5 = 1.5$

(3의 2.5배)$= 6 + 1.5 = 7.5$

◎ (자연수)×(1보다 큰 소수)의 계산방법

(자연수)×(1보다 큰 소수)의 계산은 자연수의 곱셈과 같은 방법으로 계산한 후 소수의 자리 수에 맞게 소수점을 찍어요.

① 3×2.5의 계산

		3
×	2 .	5
	7 .	5

자연수의 곱셈과 같이 3×25를 계산하고 소수 한 자리 수가 되도록 소수점을 찍어요.

② 3×2.51의 계산

			3
×	2 .	5	1
	7 .	5	3

자연수의 곱셈과 같이 3×251을 계산하고 소수 두 자리 수가 되도록 소수점을 찍어요.

🍗 소수의 곱셈을 하세요.

①
```
        2
  ×  1 . 2
  ──────────
```

②
```
        3
  ×  2 . 3
  ──────────
```

③
```
        4
  ×  2 . 1
  ──────────
```

④
```
     1  2
  ×  2 . 4
  ──────────
```

⑤
```
     1  5
  ×  1 . 3
  ──────────
```

⑥
```
     1  3
  ×  3 . 6
  ──────────
```

⑦
```
        8
  ×  2 . 1  3
  ──────────
```

⑧
```
        4
  ×  6 . 5  3
  ──────────
```

⑨
```
        9
  ×  5 . 1  2
  ──────────
```

⑩
```
     1  2
  ×  3 . 1  4
  ──────────
```

⑪
```
     2  4
  ×  4 . 1  3
  ──────────
```

⑫
```
     2  7
  ×  3 . 5  2
  ──────────
```

개념 다지기

🍗 세로셈으로 나타내어 소수의 곱셈을 하세요.

① 4×2.7

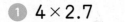

② 7×3.6

③ 8×5.2

④ 12×2.7

⑤ 21×4.2

⑥ 18×5.3

⑦ 2×3.37

⑧ 4×7.36

⑨ 5×6.04

⑩ 13×2.37

⑪ 20×1.03

⑫ 37×1.53

개념 키우기

🦴 소수의 곱셈을 하세요.

①
$$\begin{array}{r} 2 \\ \times\ 3.6 \\ \hline \end{array}$$

②
$$\begin{array}{r} 5 \\ \times\ 4.5 \\ \hline \end{array}$$

③
$$\begin{array}{r} 4 \\ \times\ 6.3 \\ \hline \end{array}$$

④
$$\begin{array}{r} 3 \\ \times\ 1.29 \\ \hline \end{array}$$

⑤
$$\begin{array}{r} 7 \\ \times\ 3.62 \\ \hline \end{array}$$

⑥
$$\begin{array}{r} 5 \\ \times\ 6.08 \\ \hline \end{array}$$

⑦
$$\begin{array}{r} 12 \\ \times\ 1.2 \\ \hline \end{array}$$

⑧
$$\begin{array}{r} 32 \\ \times\ 2.7 \\ \hline \end{array}$$

⑨
$$\begin{array}{r} 67 \\ \times\ 1.5 \\ \hline \end{array}$$

⑩
$$\begin{array}{r} 17 \\ \times\ 1.24 \\ \hline \end{array}$$

⑪
$$\begin{array}{r} 21 \\ \times\ 3.07 \\ \hline \end{array}$$

⑫
$$\begin{array}{r} 46 \\ \times\ 1.87 \\ \hline \end{array}$$

도전해 보세요

① 빈칸에 알맞은 수를 써넣으세요.

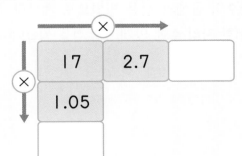

② 물이 1분에 5 L씩 일정하게 나오는 수도가 있습니다. 이 수도에서 2분 30초 동안 나오는 물은 몇 L일까요?

(   ) L

○ 5학년 소수의 곱셈
  ((자연수)×(소수))

○ 5학년 소수의 곱셈
  (1보다 작은 소수끼리의 곱셈)

○ 5학년 소수의 곱셈
  (곱의 소수점의 위치)

기억해 볼까요?

곱셈을 하세요.

① $3 \times 1.2 =$

② $14 \times 2.3 =$

③ $8 \times 2.46 =$

④ $31 \times 3.42 =$

30초 개념

1보다 작은 소수끼리 곱한 값은 항상 1보다 작아요. 이때 곱의 소수점의 위치는 곱하는 두 소수의 소수점 아래 자리 수를 더한 것과 같아요.

🎯 0.5×0.9의 계산원리

0.5×0.9는 0.5의 0.9만큼을 구하면 됩니다. 곱하는 수 0.9는 1보다 작으므로 0.5×0.9의 값은 0.5보다 작습니다.

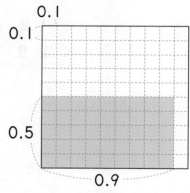

모눈 한 칸의 크기는 100칸 중 1칸이므로 0.01이고 $5 \times 9 = 45$이므로 색칠한 칸은 45칸입니다.

$$0.5 \times 0.9 = 0.45$$

🎯 1보다 작은 소수끼리의 곱셈 계산방법

1보다 작은 소수끼리의 곱셈 계산은 자연수의 곱셈과 같은 방법으로 계산한 후 곱하는 두 소수의 소수점 아래 자리 수를 더한 자리 수에 맞게 소수점을 찍습니다.

    0 . 5   ← 소수 한 자리
  × 0 . 9   ← 소수 한 자리
  0 . 4 5   ← 소수 두 자리

자연수의 곱셈과 같이 5×9를 계산하고 두 소수의 소수점 아래 자리 수의 합만큼 곱의 결과에 소수점을 찍어요.

소수의 곱셈을 하세요.

① 　　0 . 2　← 소수 한 자리
　× 　0 . 3　← 소수 한 자리
　━━━━━━　＝
　0 . 0 6　← 소수 두 자리

② 　　0 . 4
　× 　0 . 3
　━━━━━━
　　　.

③ 　　0 . 6
　× 　0 . 8
　━━━━━━
　　　.

④ 　　0 . 8
　× 　0 . 7
　━━━━━━

⑤ 　　0 . 9
　× 　0 . 5
　━━━━━━

⑥ 　　0 . 4
　× 　0 . 5
　━━━━━━

⑦ 　0 . 0 3　← 두 자리
　× 　　0 . 2　← 한 자리
　━━━━━━━　＝
　　.　　　← 세 자리

⑧ 　0 . 0 7
　× 　　0 . 4
　━━━━━━━
　　.

⑨ 　0 . 1 4
　× 　　0 . 6
　━━━━━━━
　　.

⑩ 　0 . 2 7
　× 　　0 . 4
　━━━━━━━

⑪ 　0 . 3 1
　× 　　0 . 9
　━━━━━━━

⑫ 　0 . 4 8
　× 　　0 . 3
　━━━━━━━

⑬ 　0 . 8 3
　× 　　0 . 5
　━━━━━━━

⑭ 　0 . 1 7
　× 　　0 . 8
　━━━━━━━

⑮ 　0 . 4 9
　× 　　0 . 6
　━━━━━━━

소수의 곱셈을 하세요.

1
```
    0. 4  ← 한 자리
×   0. 2  ← 한 자리
─────────
          ← 두 자리
```

2
```
    0. 3
×   0. 9
─────────
```

3
```
    0. 9
×   0. 1
─────────
```

4
```
    0. 5
×   0. 3
─────────
```

5
```
    0. 7
×   0. 6
─────────
```

6
```
    0. 6
×   0. 5
─────────
```

7
```
    0. 1 4  ← 두 자리
×     0. 2  ← 한 자리
───────────
            ← 세 자리
```

8
```
    0. 3 6
×     0. 2
───────────
```

9
```
    0. 4 7
×     0. 2
───────────
```

10
```
    0. 9 3
×     0. 2
───────────
```

11
```
    0. 8 3
×     0. 2
───────────
```

12
```
    0. 7 3
×     0. 3
───────────
```

13
```
    0. 0 3  ← 두 자리
×   0. 0 2  ← 두 자리
───────────
            ← 네 자리
```

14
```
    0. 1 7
×   0. 2 3
───────────
```

15
```
    0. 4 2
×   0. 3 6
───────────
```

개념 키우기

🦴 소수의 곱셈을 하세요.

①
```
    0 . 6
×   0 . 6
```

②
```
    0 . 8
×   0 . 9
```

③
```
    0 . 3 7
×     0 . 6
```

④
```
    0 . 5 4
×     0 . 3
```

⑤
```
    0 . 7
×   0 . 2 7
```

⑥
```
    0 . 8
×   0 . 1 4
```

⑦
```
    0 . 7 3
×   0 . 5 2
```

⑧
```
    0 . 6 4
×   0 . 3 6
```

⑨
```
    0 . 4 8
×   0 . 8 5
```

도전해 보세요

① 자연수의 곱셈을 이용하여 ☐ 안에 알맞은 수를 써넣으세요.

$$62 \times 37 = 2294$$

$$\boxed{} \times 0.37 = 0.2294$$

② 1 km를 달리는 데 0.05 L의 휘발유를 사용하는 자동차가 일정한 빠르기로 0.8 km를 달리는 데 필요한 휘발유는 몇 L일까요?

(   ) L

○ 5학년 소수의 곱셈
　(1보다 작은 소수끼리의 곱셈)

○ 5학년 소수의 곱셈
　(1보다 큰 소수끼리의 곱셈)

○ 5학년 소수의 곱셈
　(곱의 소수점의 위치)

기억해 볼까요?

곱셈을 하세요.

① $0.4 \times 0.3 =$　　　　　　**②** $0.7 \times 0.23 =$

③ $0.51 \times 0.4 =$　　　　　　**④** $0.68 \times 0.24 =$

30초 개념

1보다 큰 소수끼리 곱한 값은 항상 1보다 커요. 이때 곱의 소수점의 위치는 곱하는 두 소수의 소수점 아래 자리 수를 더한 것과 같아요.

✎ **1보다 큰 소수끼리의 곱셈 계산방법**

1보다 큰 소수끼리의 곱셈 계산은 자연수의 곱셈과 같은 방법으로 계산한 후 곱하는 두 소수의 소수점 아래 자리 수를 더한 자리 수에 맞게 소수점을 찍습니다.

$$
\begin{array}{r}
1\ 6 \\
\times\ 1\ 2 \\
\hline
3\ 2 \\
1\ 6 \\
\hline
1\ 9\ 2
\end{array}
\Rightarrow
\begin{array}{r}
1.6 \\
\times\ 1.2 \\
\hline
3\ 2 \\
1\ 6 \\
\hline
1.9\ 2
\end{array}
$$

← 소수 한 자리
← 소수 한 자리　⊕
← 소수 두 자리

1.6×1.2에서 1.6은 0.1이 16개인 수이고, 1.2는 0.1이 12개인 수입니다.
$0.1 \times 0.1 = 0.01$, $16 \times 12 = 192$이므로 0.01이 192개인 수는 1.92입니다.

🐰 곱의 소수점의 위치는 곱하는 두 소수의 소수점 아래 자리 수의 합으로 정해져요.

$$
\begin{array}{r}
1\ 1\ 2 \\
\times\ \ \ \ 1\ 5 \\
\hline
1\ 6\ 8\ 0
\end{array}
\Rightarrow
\begin{array}{r}
1.1\ 2 \\
\times\ \ \ \ 1.5 \\
\hline
1.6\ 8\ 0
\end{array}
\qquad
\begin{array}{r}
1.1\ 2 \\
\times\ \ \ \ 1.5 \\
\hline
1.6\ 8\ 0
\end{array}
$$

← 두 자리
← 한 자리
← 세 자리

계산 후 소수점을 먼저 찍고 소수 아래 끝자리 0을 지워요.

🍗 소수의 곱셈을 하세요.

1
```
      1 . 2   ← 소수 한 자리
×     1 . 4   ← 소수 한 자리
─────────────
             ← 소수 두 자리
```

2
```
      1 . 3
×     2 . 6
─────────────
```

3
```
      3 . 5
×     2 . 7
─────────────
```

4
```
  2 . 7
× 4 . 3
```

5
```
  3 . 6
× 4 . 2
```

6
```
  6 . 4
× 2 . 7
```

7
```
      1 . 0 5   ← 두 자리
×         3 . 2   ← 한 자리
─────────────────
                  ← 세 자리
```

8
```
      2 . 4 6
×       2 . 3
─────────────────
```

9
```
      4 . 8 3
×         5 . 9
─────────────────
```

10
```
  3 . 6 5
×   2 . 8
```

11
```
  3 . 7 1
×   6 . 4
```

12
```
  6 . 9 2
×   2 . 7
```

107

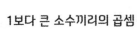

개념 다지기

🍗 소수의 곱셈을 하세요.

①
```
    1.9
×   3.7
```

②
```
    4.3
×   1.6
```

③
```
    3.5
×   2.7
```

④
```
    3.0 7
×     1.8
```

⑤
```
    1.8 5
×     4.9
```

⑥
```
    2.1 9
×     5.8
```

⑦
```
      4.3
×   1.6 8
```

⑧
```
      5.9
×   2.5 1
```

⑨
```
      6.8
×   3.7 4
```

⑩
```
    1.3 2
×   2.6 1
```

⑪
```
    1.9 4
×   2.0 3
```

⑫
```
    3.1 5
×   2.2 5
```

개념 키우기

🦴 소수의 곱셈을 하세요.

①   1.6
  × 1.4

②   5.8
  × 1.2

③   3.0 7
  ×   2.3

④   1.8 3
  ×   4.8

⑤   6.7
  × 2.8 5

⑥   7.4
  × 3.1 4

⑦   1.0 8
  × 3.4 1

⑧   2.4 3
  × 1.5 2

⑨   1.7 6
  × 5.2 9

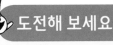

도전해 보세요

① 자연수의 곱셈을 이용하여 소수의 곱셈을 하세요.

$$12 × 12 = 144$$

(1) $12 × 1.2 =$
(2) $1.2 × 0.12 =$
(3) $0.12 × 0.12 =$
(4) $1.2 × 1.2 =$

② 몸무게가 2.16 kg인 강아지가 있습니다. 1년 전 이 강아지의 몸무게는 현재 몸무게의 1.9배였을 때 1년 전 이 강아지의 몸무게는 몇 kg이었을까요?

(   ) kg

○ 5학년 소수의 곱셈
((소수)×(자연수),
1보다 작은 소수끼리의 곱셈)

○ 5학년 소수의 곱셈
(곱의 소수점의 위치)

○ 6-1 소수의 나눗셈
((소수)÷(자연수)의 몫의
소수점의 위치)

기억해 볼까요?

자연수의 곱셈을 이용하여 소수의 곱셈을 하세요.

$$11 \times 12 = 132$$

① $1.1 \times 1.2 =$

② $0.11 \times 0.12 =$

30초 개념

곱의 소수점 위치는 곱하는 수가 10, 100, 1000일 때 곱하는 수의 0의 개수만큼 소수점이 오른쪽으로 옮겨지고, 곱하는 수가 0.1, 0.01, 0.001일 때 곱하는 소수의 소수점 아래 자리 수만큼 소수점이 왼쪽으로 옮겨집니다.

곱의 소수점의 위치

① 곱하는 수가 10, 100, 1000일 때 곱하는 수의 0의 개수만큼 소수점이 오른쪽으로 이동합니다.

예 $0.135 \times 1\underline{0} \Rightarrow 0.135 \Rightarrow 1.35$
　　　　　　 0이 1개

$0.135 \times 1\underline{00} \Rightarrow 0.135 \Rightarrow 13.5$
　　　　　　 0이 2개

$0.135 \times 1\underline{000} \Rightarrow 0.135 \Rightarrow 135.$
　　　　　　 0이 3개

② 곱하는 수가 0.1, 0.01, 0.001일 때 곱하는 소수의 소수점 아래 자리 수만큼 소수점이 왼쪽으로 이동합니다.

예 $135 \times 0.\underline{1} \Rightarrow 135 \Rightarrow 13.5$
　　　　　 한 자리

$135 \times 0.0\underline{1} \Rightarrow 135 \Rightarrow 1.35$
　　　　　 두 자리

$135 \times 0.00\underline{1} \Rightarrow 135 \Rightarrow 0.135$
　　　　　 세 자리

③ 소수끼리 곱할 때는 자연수의 곱셈과 같은 방법으로 계산한 결과에 두 소수의 소수점 아래 자리 수를 더한 만큼 소수점을 왼쪽으로 이동합니다.

예 $11 \times 12 = 132 \Rightarrow 1.1 \times 1.2 = 1.32$
　　　　　　　　　　 한 자리 한 자리 　두 자리

$0.11 \times 1.2 = 0.132$
　 두 자리 한 자리 　세 자리

계산하세요.

1. $3.12 \times 1 =$

   $3.12 \times 10 =$

   $3.12 \times 100 =$

   $3.12 \times 1000 =$

2. $102 \times 1 =$

   $102 \times 0.1 =$

   $102 \times 0.01 =$

   $102 \times 0.001 =$

3. $0.74 \times 1 =$

   $0.74 \times 10 =$

   $0.74 \times 100 =$

   $0.74 \times 1000 =$

4. $450 \times 1 =$

   $450 \times 0.1 =$

   $450 \times 0.01 =$

   $450 \times 0.001 =$

5. | $8 \times 7 = 56$ |

   $0.8 \times 7 =$

   $8 \times 0.7 =$

   $0.8 \times 0.7 =$

6. | $15 \times 5 = 75$ |

   $15 \times 0.5 =$

   $1.5 \times 0.5 =$

   $0.15 \times 0.5 =$

7. | $25 \times 12 = 300$ |

   $2.5 \times 1.2 =$

   $2.5 \times 0.12 =$

   $0.25 \times 0.12 =$

8. | $115 \times 8 = 920$ |

   $11.5 \times 0.8 =$

   $1.15 \times 0.8 =$

   $0.115 \times 0.8 =$

곱셈식을 이용하여 ☐ 안에 알맞은 수를 써넣으세요.

1
$$32 \times 18 = 576$$
$3.2 \times \boxed{} = 5.76$
$\boxed{} \times 180 = 57.6$
$0.32 \times 0.18 = \boxed{}$

2
$$24 \times 37 = 888$$
$\boxed{} \times 0.37 = 8.88$
$0.24 \times \boxed{} = 88.8$
$0.24 \times 0.37 = \boxed{}$

3
$$251 \times 8 = 2008$$
$\boxed{} \times 8 = 2.008$
$2.51 \times \boxed{} = 200.8$
$2.51 \times 0.8 = \boxed{}$

4
$$74 \times 45 = 3330$$
$\boxed{} \times 0.45 = 33.3$
$0.74 \times \boxed{} = 3.33$
$7.4 \times 0.45 = \boxed{}$

5
$$35 \times 48 = 1680$$
$3.5 \times \boxed{} = 168$
$\boxed{} \times 0.48 = 1.68$
$0.35 \times 4.8 = \boxed{}$

6
$$7 \times 364 = 2548$$
$\boxed{} \times 3.64 = 2.548$
$0.07 \times \boxed{} = 2.548$
$0.7 \times 3.64 = \boxed{}$

7
$$152 \times 54 = 8208$$
$\boxed{} \times 0.54 = 0.8208$
$0.152 \times \boxed{} = 8.208$
$0.152 \times 0.54 = \boxed{}$

8
$$27 \times 192 = 5184$$
$0.27 \times \boxed{} = 518.4$
$\boxed{} \times 19.2 = 5184$
$0.027 \times 1.92 = \boxed{}$

개념 키우기

🦴 계산하세요.

① $23.49 \times 10 =$
　$23.49 \times 100 =$
　$23.49 \times 1000 =$

② $5274 \times 0.1 =$
　$5274 \times 0.01 =$
　$5274 \times 0.001 =$

③
$9 \times 5 = 45$

$0.9 \times 5 =$
$9 \times 0.5 =$
$0.9 \times 0.5 =$

④
$42 \times 55 = 2310$

$42 \times 5.5 =$
$4.2 \times 5.5 =$
$0.42 \times 0.55 =$

🦴 ☐ 안에 알맞은 수를 써넣으세요.

⑤
$27 \times 12 = 324$

$2.7 \times \boxed{} = 324$
$\boxed{} \times 0.12 = 3.24$
$0.27 \times 1.2 = \boxed{}$

⑥
$128 \times 50 = 6400$

$\boxed{} \times 0.5 = 64$
$1.28 \times \boxed{} = 6.4$
$0.128 \times 0.5 = \boxed{}$

도전해 보세요

① ㉮×㉯를 구하세요.

㉮×㉯×$12.7 = 0.0127$

(　　　　　　　　　)

② 연필 한 자루의 무게가 0.005 kg일 때 같은 연필 10자루, 100자루, 1000자루의 무게는 각각 몇 kg인지 구하세요.

10자루 (　　　　　　　　) kg
100자루 (　　　　　　　) kg
1000자루 (　　　　　　) kg

4장 소수의 나눗셈

무엇을 배우나요? ···

- 다양한 유형의 (소수)÷(자연수)의 계산 원리를 이해하고 계산할 수 있어요.
- (자연수)÷(자연수)의 몫을 소수로 나타낼 수 있어요.
- 몫을 어림하여 소수점의 위치가 옳은지 확인할 수 있어요.
- 자연수의 나눗셈을 이용한 (소수)÷(소수)의 계산 원리를 이해하고 계산할 수 있어요.
- 자릿수가 같은 또는 자릿수가 다른 (소수)÷(소수)의 계산 원리를 이해하고 계산할 수 있어요.
- (자연수)÷(소수)의 계산 원리를 이해하고 계산할 수 있어요.
- 소수의 나눗셈의 몫을 반올림하여 나타낼 수 있어요.
- 소수의 나눗셈에서 남는 양을 구할 수 있어요.

6학년

소수의 나눗셈

자연수의 나눗셈을 이용한
(소수)÷(자연수)

세로셈을 이용한
(소수)÷(자연수)

몫이 1보다 작은
(소수)÷(자연수)

소수점 아래 0을 내려 계산
해야 하는 (소수)÷(자연수)

몫의 소수 첫째 자리에
0이 있는 (소수)÷(자연수)

몫이 소수인 (자연수)÷(자연수)

몫의 소수점 위치 확인하기

(소수)÷(소수)를 자연수의
나눗셈으로 바꾸어 계산하기

자릿수가 같은 (소수)÷(소수)

자릿수가 다른 (소수)÷(소수)

(자연수)÷(소수)

소수의 나눗셈에서
몫을 반올림하여 나타내기

나누어 주고 남는 양

5학년

소수의 곱셈

(1보다 작은 소수)×(자연수)

(1보다 큰 소수)×(자연수)

(자연수)×(1보다 작은 소수)

(자연수)×(1보다 큰 소수)

(1보다 작은 소수)×
(1보다 작은 소수)

(1보다 큰 소수)×
(1보다 큰 소수)

곱의 소수점 위치

4학년

소수의 덧셈과 뺄셈

소수 한 자리 수의 덧셈

소수 한 자리 수의 뺄셈

소수 두 자리 수의 덧셈

소수 두 자리 수의 뺄셈

23

	초등 4학년 (31일 진도)	초등 5학년 (26일 진도)	초등 6학년 (20일 진도)
4장 소수의 나눗셈	하루 한 단계씩 공부해요.	하루 한 단계씩 공부해요.	하루 한 단계씩 공부해요.

 권장 진도표에 맞춰 공부하고, 공부한 단계에 해당하는 조각에 색칠하세요.

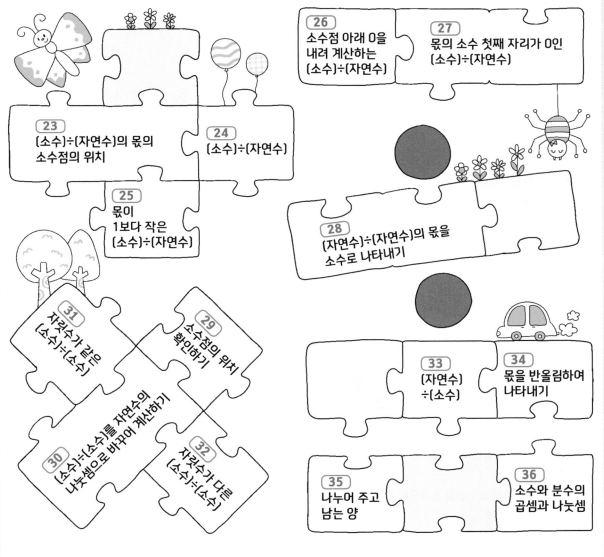

23 (소수)÷(자연수)의 몫의 소수점의 위치

24 (소수)÷(자연수)

25 몫이 1보다 작은 (소수)÷(자연수)

26 소수점 아래 0을 내려 계산하는 (소수)÷(자연수)

27 몫의 소수 첫째 자리가 0인 (소수)÷(자연수)

28 (자연수)÷(자연수)의 몫을 소수로 나타내기

29 소수점의 위치 확인하기

30 (소수)÷(소수)를 자연수의 나눗셈으로 바꾸어 계산하기

31 자릿수가 같은 (소수)÷(소수)

32 자릿수가 다른 (소수)÷(소수)

33 (자연수)÷(소수)

34 몫을 반올림하여 나타내기

35 나누어 주고 남는 양

36 소수와 분수의 곱셈과 나눗셈

○ 4학년 소수의 덧셈과 뺄셈
  (소수 사이의 관계)

○ 6학년 소수의 나눗셈
  ((소수)÷(자연수)의
  소수점의 위치)

○ 6학년 소수의 나눗셈
  ((소수)÷(자연수))

기억해 볼까요?

빈칸에 알맞은 수를 써넣으세요.

30초 개념

(소수)÷(자연수)의 몫의 소수점의 위치를 알 수 있어요.

🎯 **2.4÷2의 계산원리**

2.4는 0.1이 24개이고 24÷2=12이므로 2.4÷2는 0.1이 12개인 수입니다. 0.1이 12개인 수는 1.2이므로 2.4÷2=1.2

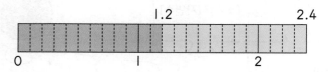

🎯 **자연수의 나눗셈을 이용한 2.4÷2의 계산방법**

나누어지는 수가 $\frac{1}{10}$배 되면 몫도 $\frac{1}{10}$배, $\frac{1}{100}$배 되면 몫도 $\frac{1}{100}$배 됩니다.

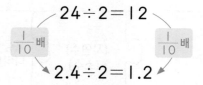

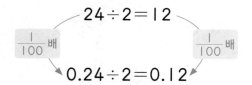

$\frac{1}{10}$배 하면 소수점을 왼쪽으로 한 칸

$\frac{1}{100}$배 하면 소수점을 왼쪽으로 두 칸 옮깁니다.

🍗 ☐ 안에 알맞은 수를 써넣으세요.

① 3.6÷3

3.6은 0.1이 ☐ 개이고

36÷3= ☐ 이므로

3.6÷3은 0.1이 ☐ 개입니다.

➡ 3.6÷3= ☐

② 8.44÷4

8.44는 0.01이 ☐ 개이고

844÷4= ☐ 이므로

8.44÷4는 0.01이 ☐ 개입니다.

➡ 8.44÷4= ☐

🍗 자연수의 나눗셈을 이용하여 소수의 나눗셈을 하세요.

③ 63 ÷ 3 = 21

$\frac{1}{10}$배　　　　$\frac{1}{10}$배

6.3 ÷ 3 = ☐

④ 48 ÷ 4 = 12

$\frac{1}{10}$배　　　　$\frac{1}{10}$배

4.8 ÷ 4 = ☐

⑤ 96 ÷ 2 = 48

$\frac{1}{10}$배　　　　$\frac{1}{10}$배

9.6 ÷ 2 = ☐

⑥ 325 ÷ 5 = 65

$\frac{1}{10}$배　　　　$\frac{1}{10}$배

3.25 ÷ 5 = ☐

⑦ 426 ÷ 2 = 213

$\frac{1}{100}$배　　　　$\frac{1}{100}$배

4.26 ÷ 2 = ☐

⑧ 396 ÷ 3 = 132

$\frac{1}{100}$배　　　　$\frac{1}{100}$배

3.96 ÷ 3 = ☐

⑨ 645 ÷ 5 = 129

$\frac{1}{100}$배　　　　$\frac{1}{100}$배

6.45 ÷ 5 = ☐

⑩ 3368 ÷ 4 = 842

$\frac{1}{100}$배　　　　$\frac{1}{100}$배

33.68 ÷ 4 = ☐

🦴 자연수의 나눗셈을 이용하여 소수의 나눗셈을 하세요.

① 26 ÷ 2 = ☐
$\frac{1}{10}$배   ☐ 배
2.6 ÷ 2 = ☐

② 484 ÷ 4 = ☐
$\frac{1}{10}$배   ☐ 배
48.4 ÷ 4 = ☐

③ 525 ÷ 5 = ☐
$\frac{1}{10}$배   ☐ 배
52.5 ÷ 5 = ☐

④ 426 ÷ 3 = ☐
$\frac{1}{10}$배   ☐ 배
42.6 ÷ 3 = ☐

⑤ 336 ÷ 3 = ☐
$\frac{1}{100}$배   ☐ 배
3.36 ÷ 3 = ☐

⑥ 682 ÷ 2 = ☐
$\frac{1}{100}$배   ☐ 배
6.82 ÷ 2 = ☐

⑦ 2482 ÷ 2 = ☐
$\frac{1}{100}$배   ☐ 배
24.82 ÷ 2 = ☐

⑧ 655 ÷ 5 = ☐
$\frac{1}{100}$배   ☐ 배
6.55 ÷ 5 = ☐

⑨ 648 ÷ 8 = ☐
$\frac{1}{100}$배   ☐ 배
6.48 ÷ 8 = ☐

⑩ 726 ÷ 6 = ☐
$\frac{1}{100}$배   ☐ 배
7.26 ÷ 6 = ☐

개념 키우기

🦴 자연수의 나눗셈을 이용하여 소수의 나눗셈을 하세요.

① 5.5÷5=

② 3.63÷3=

③ 12.56÷4=

④ 42.7÷7=

⑤ 73.26÷3=

⑥ 57.68÷8=

도전해 보세요

① ㉠은 ㉡의 몇 배일까요?

$$52.8÷4=㉠$$
$$5.28÷4=㉡$$

(   )배

② 보기 를 이용하여 소수의 나눗셈식을 만드세요.

보기
$$925÷5=185$$

식 _____

119

24 (소수)÷(자연수)

기억해 볼까요?

자연수의 나눗셈을 이용하여 소수의 나눗셈을 하세요.

① $84 \div 7 = 12$

$\downarrow \frac{1}{10}$배 $\qquad \downarrow \frac{1}{10}$배

$8.4 \div 7 = \boxed{}$

② $324 \div 3 = 108$

$\downarrow \frac{1}{100}$배 $\qquad \downarrow \frac{1}{100}$배

$3.24 \div 3 = \boxed{}$

30초 개념

(소수)÷(자연수)는 자연수의 나눗셈과 같은 방법으로 계산해요. 나누어지는 수의 소수점 위치에 맞추어 몫의 소수점을 찍어요.

◎ 22.35÷3의 계산

22.35÷3의 계산은 2235÷3과 같은 방법으로 계산한 후 나누어지는 수인 22.35의 소수점 위치에 맞추어 몫의 소수점을 찍습니다.

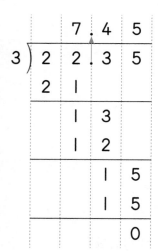

나누어지는 수의
소수점과 같은 위치에
몫의 소수점을 찍어요.

🍗 소수의 나눗셈을 하세요.

자연수의 나눗셈과 같은 방법으로 계산해요.

① $5\,)\,\overline{3\,6.1\,5}$

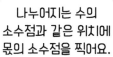

나누어지는 수의 소수점과 같은 위치에 몫의 소수점을 찍어요.

② $3\,)\,\overline{7.8}$

③ $4\,)\,\overline{6.4}$

④ $6\,)\,\overline{9.6}$

⑤ $4\,)\,\overline{21.6}$

⑥ $7\,)\,\overline{15.4}$

⑦ $9\,)\,\overline{48.6}$

⑧ $5\,)\,\overline{32.5}$

⑨ $8\,)\,\overline{65.6}$

⑩ $3\,)\,\overline{43.8}$

⑪ $2\,)\,\overline{13.48}$

⑫ $6\,)\,\overline{56.64}$

⑬ $7\,)\,\overline{65.24}$

개념 다지기

🦴 소수의 나눗셈을 하세요.

① 4.8÷3=

② 8.4÷6=

③ 16.8÷7=

④ 6.52÷4=

⑤ 36.55÷5=

⑥ 83.79÷9=

⑦ 156.4÷2=

⑧ 257.84÷8=

개념 키우기

🦴 소수의 나눗셈을 하세요.

① $26.7 \div 3 =$

② $97.6 \div 8 =$

③ $49.56 \div 6 =$

④ $79.76 \div 4 =$

도전해 보세요

① 리본 6.78 m를 6명에게 똑같이 나누어 주려 합니다. 한 사람이 받는 리본은 몇 m일까요?

식 _____

답 _____ m

② 길이가 1.23 m인 나무막대 4개를 이어 붙여 긴 나무막대를 만들었습니다. 만들어진 긴 나무막대를 똑같이 3개로 나누었을 때 하나의 길이는 몇 m일까요?

식 _____ ,

_____

답 _____ m

○ 6학년 소수의 나눗셈
  ((소수)÷(자연수))

○ 6학년 소수의 나눗셈
  (몫이 1보다 작은
   (소수)÷(자연수))

○ 6학년 소수의 나눗셈
  (소수점 아래 0을 내려 계산
   하는 (소수)÷(자연수))

기억해 볼까요?

소수의 나눗셈을 하세요.

1 $32.44 \div 2 =$

2 $156.39 \div 3 =$

30초 개념

(소수)÷(자연수)에서 (소수)<(자연수)이면 몫이 1보다 작으므로 몫의 자연수 부분
에 0을 써요.

◎ $3.32 \div 4$의 계산

$$
\begin{array}{r}
8\,3 \\
4\,)\overline{3\,3\,2} \\
3\,2 \\
\hline
1\,2 \\
1\,2 \\
\hline
0
\end{array}
\Rightarrow
\begin{array}{r}
0.8\,3 \\
4\,)\overline{3.3\,2} \\
3\,2 \\
\hline
1\,2 \\
1\,2 \\
\hline
0
\end{array}
$$

나누어지는 수의 소수점과 같은 위치에 몫의 소수점을 찍어요.
몫이 1보다 작으므로 몫의 자연수 부분에 0을 씁니다.

분수의 나눗셈으로
계산할 수도 있어요.

$$3.32 \div 4 = \frac{332}{100} \div 4 = \frac{332 \div 4}{100} = \frac{83}{100} = 0.83$$

🍗 소수의 나눗셈을 하세요.

몫의 자연수 부분에
0을 써요.

2 $2\overline{)1.2}$ 3 $4\overline{)3.6}$ 4 $5\overline{)4.5}$

5 $6\overline{)4.26}$ 6 $7\overline{)5.67}$ 7 $3\overline{)2.16}$

8 $9\overline{)3.24}$ 9 $8\overline{)5.28}$ 10 $2\overline{)1.78}$

11 $3\overline{)2.55}$ 12 $7\overline{)6.23}$ 13 $6\overline{)4.38}$

개념 다지기

🍗 소수의 나눗셈을 하세요.

① 1.8÷6=

② 4.8÷8=

③ 5.22÷9=

④ 4.34÷7=

⑤ 3.56÷4=

⑥ 4.25÷5=

⑦ 2.28÷3=

⑧ 1.74÷2=

개념 키우기

🦴 소수의 나눗셈을 하세요.

1 2.7÷9＝

2 1.26÷6＝

3 0.35÷7＝

4 0.147÷3＝

도전해 보세요

1 연필 12자루의 무게는 0.516 kg입니다. 한 자루의 무게는 몇 kg일까요?

(   ) kg

2 수 카드를 이용하여 몫이 더 작은 나눗셈 식을 만들고 몫을 구하세요.

2.316   3

식 _____

답 _____

○ 6학년 소수의 나눗셈
  (몫이 1보다 작은
  (소수)÷(자연수))
○ 6학년 소수의 나눗셈
  (소수점 아래 0을 내려
  계산하는 (소수)÷(자연수))
○ 6학년 소수의 나눗셈
  (몫의 소수 첫째 자리가 0인
  (소수)÷(자연수))

?! 기억해 볼까요?

소수의 나눗셈을 하세요.

① $4.15 \div 5 =$

② $6.37 \div 7 =$

③ $5.76 \div 6 =$

④ $2.34 \div 3 =$

30초 개념

(소수)÷(자연수)를 분수의 나눗셈으로 계산하거나 세로셈으로 계산할 때 나누어떨어지지 않으면 나누어지는 수의 뒤에 0을 붙여가며 계산해요.

🎯 $3.1 \div 2$의 계산

방법1 분수의 나눗셈으로 계산할 때 나누어떨어지지 않으면 분모, 분자에 10, 100 등을 곱해서 계산해요.

31이 2로 나누어떨어지지 않으므로 분모 분자에 10을 곱해요.

$$3.1 \div 2 = \frac{31}{10} \div 2 = \frac{310}{100} \div 2$$

$$= \frac{310 \div 2}{100}$$

$$= \frac{155}{100}$$

$$= 1.55$$

나누어떨어지지 않으면 나누어지는 수 뒤에 0을 붙여 계산해요.

방법2 세로셈으로 계산할 때 나누어떨어지지 않으면 나누어지는 수 뒤에 0을 붙여가며 계산해요.

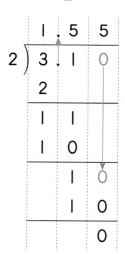

🦴 분수의 나눗셈으로 계산하세요.

① $5.4 \div 4 = \dfrac{54}{10} \div 4 = \dfrac{540}{100} \div 4 = \dfrac{540 \div 4}{100} = \dfrac{135}{100} = \boxed{}$

② $2.1 \div 5 = \dfrac{21}{10} \div 5 = \dfrac{210}{100} \div 5 = \dfrac{\boxed{} \div 5}{100} = \dfrac{\boxed{}}{100} = \boxed{}$

③ $5.3 \div 2 = \dfrac{53}{10} \div 2 = \dfrac{\boxed{}}{100} \div 2 = \dfrac{\boxed{} \div 2}{100} = \dfrac{\boxed{}}{100} = \boxed{}$

④ $7.5 \div 6 = \dfrac{75}{10} \div 6 = \dfrac{\boxed{}}{100} \div 6 = \dfrac{\boxed{} \div 6}{100} = \dfrac{\boxed{}}{100} = \boxed{}$

⑤ $14.4 \div 5 = \dfrac{144}{10} \div 5 = \dfrac{\boxed{}}{100} \div 5 = \dfrac{\boxed{} \div 5}{100} = \dfrac{\boxed{}}{100} = \boxed{}$

⑥ $25.1 \div 2 = \dfrac{251}{10} \div 2 = \dfrac{\boxed{}}{100} \div 2 = \dfrac{\boxed{} \div 2}{100} = \dfrac{\boxed{}}{100} = \boxed{}$

⑦ $3.42 \div 4 = \dfrac{342}{100} \div 4 = \dfrac{\boxed{}}{1000} \div 4 = \dfrac{\boxed{} \div 4}{1000} = \dfrac{\boxed{}}{1000} = \boxed{}$

⑧ $8.67 \div 6 = \dfrac{867}{100} \div 6 = \dfrac{\boxed{}}{1000} \div 6 = \dfrac{\boxed{} \div 6}{1000} = \dfrac{\boxed{}}{1000} = \boxed{}$

🍗 소수의 나눗셈을 하세요.

① 5$\overline{)6.2}$

② 2$\overline{)6.3}$

③ 4$\overline{)5.4}$

④ 4$\overline{)13.4}$

⑤ 6$\overline{)25.5}$

⑥ 8$\overline{)34.8}$

⑦ 5$\overline{)3.24}$

⑧ 2$\overline{)5.13}$

⑨ 6$\overline{)7.95}$

⑩ 8$\overline{)37.88}$

⑪ 4$\overline{)63.54}$

⑫ 5$\overline{)26.63}$

(개념 키우기)

🦴 소수의 나눗셈을 하세요.

① 3.5÷2=

② 5.7÷5=

③ 3.74÷4=

④ 4.65÷6=

⑤ 15.63÷5=

⑥ 42.28÷8=

도전해 보세요

🐾 길이가 70.5 m인 도로의 한쪽에 그림과 같이 처음부터 끝까지 가로등 7개가 같은 간격으로 세워져 있습니다. 가로등 사이의 간격은 몇 m일까요?

(단, 가로등의 굵기는 생각하지 않습니다.)

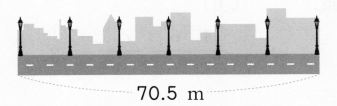

70.5 m

(   ) m

○ 6학년 소수의 나눗셈
(소수점 아래 0을 내려 계산
하는 (소수)÷(자연수))

○ 6학년 소수의 나눗셈
(몫의 소수 첫째 자리가 0인
(소수)÷(자연수))

○ 6학년 소수의 나눗셈
((자연수)÷(자연수)의 몫을
소수로 나타내기)

기억해 볼까요?

소수의 나눗셈을 하세요.

① 7.6÷5=

② 4.31÷2=

30초 개념

나눗셈의 계산 중에 나누어야 할 수가 나누는 수보다 작으면 몫에 0을 쓰고 다음 자리로 넘어가 계산해요.

◎ 16.24÷4의 계산

2가 4보다 작으므로 몫에
0을 쓰고 다음 자리로 넘어가요.

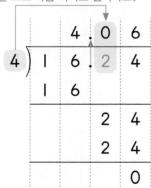

나누어야 할 수가 나누는
수보다 작을 때 0을
쓰지 않는 실수를
조심해요.

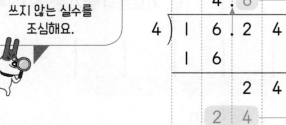

0을 쓰지 않으면
자릿수가 맞지 않아요.

🦴 소수의 나눗셈을 하세요.

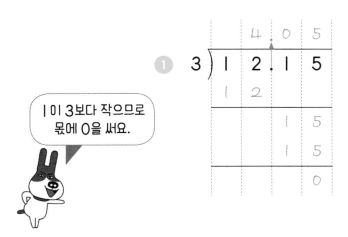

① 3) 1 2 . 1 5

(말풍선) 1이 3보다 작으므로 몫에 0을 써요.

② 2) 8.12

③ 3) 3.24

④ 4) 4.16

⑤ 9) 27.54

⑥ 8) 24.56

⑦ 7) 14.63

⑧ 5) 65.45

⑨ 3) 42.15

⑩ 6) 78.36

개념 다지기

🦴 소수의 나눗셈을 하세요.

① 2)0.12

② 5)0.35

③ 7)0.28

④ 4)8.2

⑤ 6)6.3

⑥ 8)8.4

⑦ 2)24.1

⑧ 5)35.4

⑨ 6)42.3

⑩ 3)42.015

⑪ 7)21.042

⑫ 8)40.04

개념 키우기

소수의 나눗셈을 하세요.

① 12.36÷6＝

② 32.56÷8＝

③ 33.21÷3＝

④ 48.12÷4＝

⑤ 50.4÷5＝

⑥ 27.018÷9＝

도전해 보세요

① ☐ 안에 알맞은 수를 써넣으세요.

② 우유가 24.12 L 있습니다. 물음에 답하세요.

(1) 병 3개에 똑같이 나누어 담으면 한 병에 몇 L씩 담을 수 있나요?

(   ) L

(2) 병 4개에 똑같이 나누어 담으면 한 병에 몇 L씩 담을 수 있나요?

(   ) L

○ 6학년 소수의 나눗셈
  (몫의 소수 첫째 자리가 0인
  (소수)÷(자연수))

○ 6학년 소수의 나눗셈
  ((자연수)÷(자연수)의 몫을
  소수로 나타내기)

○ 6학년 소수의 나눗셈
  (몫 어림하기)

?! 기억해 볼까요?

소수의 나눗셈을 하세요.

① 12.18÷3=

② 20.02÷5=

⟲ 30초 개념

(자연수)÷(자연수)의 몫을 소수로 나타낼 때는 분수를 이용하거나 세로셈으로 계산해요.

◎ 5÷4의 계산

방법1 몫을 분수로 나타낸 후 소수로 나타내요.

$$5÷4=\frac{5}{4}$$

$$=\frac{5×25}{4×25}$$

$$=\frac{125}{100}$$

$$=1.25$$

분수를 소수로 쉽게 나타내려면 분모를 10, 100, 1000이 되게 만들어요.

방법2 더 이상 나눌 수 없을 때는 (소수)÷(자연수)와 같이 나누어지는 수 뒤에 0을 붙여 계산해요.

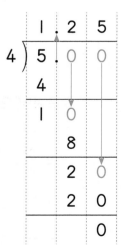

자연수 뒤에 소수점이 숨어있다는 걸 잊지 말아요.

$$5=5.0=5.00$$

5와 5.0, 5.00은 같아요.

분수의 나눗셈으로 계산하세요.

1. $5 \div 2 = \dfrac{5}{2} = \dfrac{5 \times 5}{2 \times 5} = \dfrac{25}{10} = \boxed{}$

2. $7 \div 4 = \dfrac{7}{4} = \dfrac{7 \times \boxed{}}{4 \times \boxed{}} = \dfrac{\boxed{}}{\boxed{}} = \boxed{}$

3. $3 \div 4 = \dfrac{3}{4} = \dfrac{3 \times \boxed{}}{4 \times \boxed{}} = \dfrac{\boxed{}}{\boxed{}} = \boxed{}$

4. $4 \div 5 = \dfrac{4}{5} = \dfrac{4 \times \boxed{}}{5 \times \boxed{}} = \dfrac{\boxed{}}{\boxed{}} = \boxed{}$

5. $12 \div 8 = \dfrac{12}{8} = \dfrac{3}{2} = \dfrac{3 \times \boxed{}}{2 \times \boxed{}} = \dfrac{\boxed{}}{\boxed{}} = \boxed{}$

6. $15 \div 6 = \dfrac{15}{6} = \dfrac{5}{2} = \dfrac{5 \times \boxed{}}{2 \times \boxed{}} = \dfrac{\boxed{}}{\boxed{}} = \boxed{}$

7. $11 \div 8 = \dfrac{11}{8} = \dfrac{11 \times \boxed{}}{8 \times \boxed{}} = \dfrac{\boxed{}}{\boxed{}} = \boxed{}$

8. $7 \div 8 = \dfrac{7}{8} = \dfrac{7 \times \boxed{}}{8 \times \boxed{}} = \dfrac{\boxed{}}{\boxed{}} = \boxed{}$

개념 다지기

🍗 소수의 나눗셈을 하세요.

① 2)7
② 2)9
③ 4)9

④ 2)1
⑤ 4)1
⑥ 5)3

⑦ 8)18
⑧ 6)21
⑨ 5)13

⑩ 8)17
⑪ 4)21
⑫ 8)41

개념 키우기

🦴 소수의 나눗셈을 하세요.

① 13÷4=

② 27÷2=

③ 31÷5=

④ 45÷8=

⑤ 21÷12=

⑥ 42÷15=

도전해 보세요

① 물 15 L를 작은 병 8개에 똑같이 나누어 담으려고 합니다. 물을 한 병에 몇 L씩 담을 수 있을까요?

(   ) L

② 무게가 같은 배 5개의 무게가 모두 3 kg 입니다. 배 한 개의 무게는 몇 kg일까요?

(   ) kg

○ 5학년 수의 범위와 어림하기
   (올림, 버림, 반올림의 활용)

○ 6학년 소수의 나눗셈
   (소수점의 위치 확인하기)

○ 6학년 소수의 나눗셈
   (몫을 반올림하여 나타내기)

기억해 볼까요?

주어진 수를 소수 첫째 자리에서 반올림하여 나타내세요.

❶ 24.5 ➡

❷ 572.1 ➡

30초 개념

나누어지는 소수를 간단한 자연수로 반올림하여 어림해요. 어림한 결과를 이용하여 계산 결과의 소수점의 위치를 확인해요.

◎ 19.6÷4의 계산

┌── 19.6을 반올림하면 약 20이에요.

어림 20÷4 ➡ 약 5

196÷4=49

몫 4.9

몫은 5에 가깝기 때문에 0.49 또는 49가 아닌 4.9예요.

◎ 29.5÷5의 계산

어림 30÷5 ➡ 약 6

295÷5=59

몫 5.9

정확한 결과가 알고싶으면 세로셈을 해요.

```
      5.9
5) 2 9.5
   2 5
     4 5
     4 5
       0
```

🍗 소수를 반올림하여 자연수로 나타낸 후 어림하여 계산하세요.

① $29.5 \div 5$

어림 ___30÷5___ ➡ 약 6

② $42.3 \div 3$

어림 _____ ➡ 약 ☐

③ $14.2 \div 2$

어림 _____ ➡ 약 ☐

④ $31.6 \div 4$

어림 _____ ➡ 약 ☐

⑤ $55.2 \div 8$

어림 _____ ➡ 약 ☐

⑥ $62.3 \div 7$

어림 _____ ➡ 약 ☐

⑦ $80.1 \div 9$

어림 _____ ➡ 약 ☐

⑧ $52.4 \div 6$

어림 _____ ➡ 약 ☐

⑨ $37.7 \div 8$

어림 _____ ➡ 약 ☐

⑩ $49.2 \div 7$

어림 _____ ➡ 약 ☐

개념 다지기

어림하여 계산하고 몫의 소수점의 위치를 찾아 소수점을 찍으세요.

① $15.63 \div 3 \Rightarrow 1563 \div 3 = 521$

어림 ___16÷3___ ➡ 약 [5]

몫 5□2□1

② $56.4 \div 4 \Rightarrow 564 \div 4 = 141$

어림 _____ ➡ 약 [   ]

몫 1□4□1

③ $42.56 \div 7 \Rightarrow 4256 \div 7 = 608$

어림 _____ ➡ 약 [   ]

몫 6□0□8

④ $37.1 \div 5 \Rightarrow 371 \div 5 = 74.2$

어림 _____ ➡ 약 [   ]

몫 7□4□2

⑤ $193.2 \div 6 \Rightarrow 1932 \div 6 = 322$

어림 _____ ➡ 약 [   ]

몫 3□2□2

⑥ $7.53 \div 3 \Rightarrow 753 \div 3 = 251$

어림 _____ ➡ 약 [   ]

몫 2□5□1

⑦ $36.56 \div 4 \Rightarrow 3656 \div 4 = 914$

어림 _____ ➡ 약 [   ]

몫 9□1□4

⑧ $46.45 \div 5 \Rightarrow 4645 \div 5 = 929$

어림 _____ ➡ 약 [   ]

몫 9□2□9

⑨ $5.34 \div 3 \Rightarrow 534 \div 3 = 178$

어림 _____ ➡ 약 [   ]

몫 1□7□8

⑩ $47.4 \div 2 \Rightarrow 474 \div 2 = 237$

어림 _____ ➡ 약 [   ]

몫 2□3□7

개념 키우기

🦴 어림하여 계산하세요.

1 $15.6 \div 4$ 몫   3.9

$15.6 \div 4 \Rightarrow$ 약 4

$$
\begin{array}{r}
3.9 \\
4{\overline{\smash{\big)}\,1\ 5.6}} \\
\underline{1\ 2} \\
3\ 6 \\
\underline{3\ 6} \\
0
\end{array}
$$

2 $25.8 \div 3$ 몫   _____

3 $34.32 \div 6$ 몫   _____

4 $47.52 \div 4$ 몫   _____

도전해 보세요

🐾 어림셈을 이용하여 계산 결과가 옳은 것에 ○표, 틀린 것에 ✕표 하세요.

$2.96 \div 5 = 5.92$ $3.5 \div 7 = 0.5$ $4.56 \div 3 = 0.152$

(   )   (   )   (   )

30 (소수)÷(소수)를 자연수의 나눗셈으로 바꾸어 계산하기

○ 6학년 소수의 나눗셈
  ((소수)÷(자연수)의 몫의
  소수점의 위치)

○ 6학년 소수의 나눗셈
  ((소수)÷(소수)를 자연수의
  나눗셈으로 바꾸어 계산하기)

○ 6학년 소수의 나눗셈
  (자릿수가 같은
  (소수)÷(소수))

기억해 볼까요?

자연수의 나눗셈을 이용하여 소수의 나눗셈을 하세요.

① 36 ÷ 2 = 18
   ↓ $\frac{1}{10}$배   ↓ $\frac{1}{10}$배
   3.6 ÷ 2 = □

② 512 ÷ 8 = 64
   ↓ $\frac{1}{100}$배   ↓ $\frac{1}{100}$배
   5.12 ÷ 8 = □

30초 개념

(소수)÷(소수)의 계산은 나누는 수와 나누어지는 수를 똑같이 10배, 100배, 1000배 해서 자연수의 나눗셈으로 계산해요.

◎ 1.5÷0.3의 계산

1.5는 0.1이 15개인 수이고, 0.3은 0.1이 3개인 수입니다. 15개를 3개씩 나누면 5묶음이 돼요.

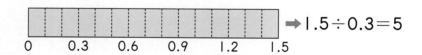

➡ 1.5÷0.3=5

나누어지는 수 1.5와 나누는 수 0.3을 모두 10배 하여 나누어도 몫은 같아요.

$$1.5÷0.3$$
10배   10배
$$15 ÷ 3 = 5$$
➡ $$1.5÷0.3=5$$

🍗 ☐ 안에 알맞은 수를 써넣으세요.

① $3.6 \div 0.3$

3.6은 0.1이 $\boxed{36}$ 개이고

0.3은 0.1이 $\boxed{3}$ 개입니다.

$36 \div 3 = \boxed{12}$ 이므로

$3.6 \div 0.3 = \boxed{12}$ 입니다.

② $1.26 \div 0.03$

1.26은 0.01이 ☐ 개이고

0.03은 0.01이 ☐ 개입니다.

$126 \div 3 = \boxed{}$ 이므로

$1.26 \div 0.03 = \boxed{}$ 입니다.

🍗 자연수의 나눗셈을 이용하여 소수의 나눗셈을 하세요.

③ $4.2 \div 0.6 = \boxed{}$

↓10배   ↓10배

$42 \div 6 = \boxed{}$

④ $5.6 \div 0.8 = \boxed{}$

↓10배   ↓10배

$56 \div 8 = \boxed{}$

⑤ $12.5 \div 0.5 = \boxed{}$

↓10배   ↓10배

$125 \div 5 = \boxed{}$

⑥ $25.6 \div 1.6 = \boxed{}$

↓10배   ↓10배

$256 \div 16 = \boxed{}$

⑦ $7.14 \div 0.07 = \boxed{}$

↓100배   ↓100배

$714 \div 7 = \boxed{}$

⑧ $2.35 \div 0.05 = \boxed{}$

↓100배   ↓100배

$235 \div 5 = \boxed{}$

⑨ $3.48 \div 0.12 = \boxed{}$

↓100배   ↓100배

$348 \div 12 = \boxed{}$

⑩ $4.62 \div 0.14 = \boxed{}$

↓100배   ↓100배

$462 \div 14 = \boxed{}$

개념 다지기

🍗 자연수의 나눗셈을 이용하여 소수의 나눗셈을 하세요.

① 5.4 ÷ 0.9 = ☐
　↓10배　↓10배
　☐ ÷ ☐ = ☐

② 6.3 ÷ 0.7 = ☐
　↓10배　↓10배
　☐ ÷ ☐ = ☐

③ 4.8 ÷ 1.2 = ☐
　↓☐배　↓☐배
　☐ ÷ ☐ = ☐

④ 49.5 ÷ 1.5 = ☐
　↓☐배　↓☐배
　☐ ÷ ☐ = ☐

⑤ 3.96 ÷ 0.03 = ☐
　↓100배　↓100배
　☐ ÷ ☐ = ☐

⑥ 4.86 ÷ 0.02 = ☐
　↓100배　↓100배
　☐ ÷ ☐ = ☐

⑦ 4.34 ÷ 0.07 = ☐
　↓☐배　↓☐배
　☐ ÷ ☐ = ☐

⑧ 8.55 ÷ 0.09 = ☐
　↓☐배　↓☐배
　☐ ÷ ☐ = ☐

⑨ 3.52 ÷ 0.11 = ☐
　↓☐배　↓☐배
　☐ ÷ ☐ = ☐

⑩ 19.68 ÷ 1.23 = ☐
　↓☐배　↓☐배
　☐ ÷ ☐ = ☐

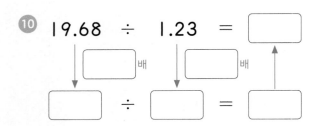

개념 키우기

🦴 소수의 나눗셈을 하세요.

① 6.5÷0.5=

② 13.5÷0.3=

③ 4.62÷0.07=

④ 12.56÷0.04=

⑤ 18.24÷0.12=

⑥ 23.94÷0.57=

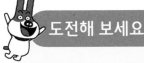

도전해 보세요

① 자연수의 나눗셈을 이용하여 계산하세요.

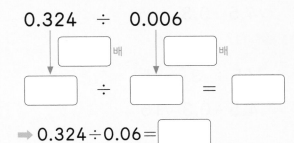

0.324 ÷ 0.006

[　　　] 배　　[　　　] 배

[　　　] ÷ [　　　] = [　　　]

➡ 0.324÷0.06= [　　　]

② 가루약 36.5 g을 0.5 g씩 나누어 담아 알약으로 만들려고 합니다. 만들 수 있는 알약은 모두 몇 개일까요?

(　　　　　　　　)개

○ 6학년 소수의 나눗셈
((소수)÷(소수)를 자연수의
나눗셈으로 바꾸어 계산하기)

○ 6학년 소수의 나눗셈
(자릿수가 같은
(소수)÷(소수))

○ 6학년 소수의 나눗셈
(자릿수가 다른
(소수)÷(소수))

?! 기억해 볼까요?

자연수의 나눗셈을 이용하여 소수의 나눗셈을 하세요.

① $6.9 ÷ 0.3$

⎯⎯10배⎯⎯ ⎯⎯10배⎯⎯

$69 ÷ 3 = \boxed{}$

➡ $6.9÷0.3=\boxed{}$

② $4.82 ÷ 0.02$

⎯⎯100배⎯⎯ ⎯⎯100배⎯⎯

$482 ÷ 2 = \boxed{}$

➡ $4.82÷0.02=\boxed{}$

30초 개념

(소수)÷(소수)는 나누는 수와 나누어지는 수의 소수점을 오른쪽으로 같은 자리만큼 옮겨서 계산해요.

🎯 $4.5÷0.3$의 계산

4.5와 0.3의 소수점을 오른쪽으로 한 자리씩 옮겨서 $45÷3$을 계산합니다.

```
        1 5                      1 5
0.3. ) 4 . 5 .      ➡     3 ) 4  5
        3                        3
      ────                     ────
        1 5                      1 5
        1 5                      1 5
      ────                     ────
          0                        0
```

$4.5÷0.3=15$ ⬅ $45÷3=15$

> 나누는 수와 나누어지는 수를 똑같이 10배 해서 계산하는 방법을 배웠어요.

$$4.5÷0.3$$

10배 ⎯⎯ 10배

$$45 ÷ 3 = 15$$

➡ $4.5÷0.3=15$

🍗 나눗셈을 세로셈으로 계산하세요.

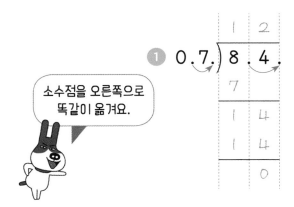

① 0.7.⟌8.4.

② 0.3⟌3.6

③ 0.8⟌7.2

④ 0.5⟌6.5

⑤ 1.2⟌8.4

⑥ 3.2⟌41.6

⑦ 5.6⟌67.2

⑧ 0.02⟌2.48

⑨ 0.06⟌1.38

⑩ 0.09⟌5.67

⑪ 0.43⟌6.45

⑫ 0.52⟌12.48

⑬ 1.25⟌21.25

개념 다지기

🍗 소수의 나눗셈을 하세요.

① 12.8÷0.4=

② 9.5÷0.5=

③ 10.8÷1.8=

④ 32.2÷2.3=

⑤ 42.75÷0.05=

⑥ 9.36÷0.72=

⑦ 26.88÷1.28=

⑧ 128.79÷2.43=

개념 키우기

🦴 소수의 나눗셈을 하세요.

❶ 32.4÷0.5＝

❷ 45.9÷1.8＝

❸ 25.99÷1.15＝

❹ 80.07÷3.14＝

❺ 41.23÷1.24＝

❻ 68.97÷4.56＝

도전해 보세요

❶ 가로의 길이가 2.34 m, 넓이가 5.85 m² 인 직사각형이 있습니다. 이 직사각형의 세로의 길이는 몇 m일까요?

( ) m

❷ 소수의 나눗셈을 하세요.

(1) 0.768÷0.032＝

(2) 3.213÷0.126＝

○ 6학년 소수의 나눗셈
　(자릿수가 같은
　(소수)÷(소수))

○ 6학년 소수의 나눗셈
　(자릿수가 다른
　(소수)÷(소수))

○ 6학년 소수의 나눗셈
　((자연수)÷(소수))

기억해 볼까요?

소수의 나눗셈을 하세요.

① 6.9÷0.3=

② 4.14÷0.12=

30초 개념

(소수)÷(소수)는 나누는 수가 자연수가 되도록 나누는 수와 나누어지는 수의 소수점을 오른쪽으로 같은 자리만큼 옮겨서 계산해요.

🎯 2.28÷0.3의 계산

2.28과 0.3의 소수점을 나누는 수 0.3이 자연수가 되도록 오른쪽으로 한 자리씩 옮겨서 22.8÷3을 계산해요. 나누어지는 수의 소수점의 위치와 몫의 소수점이 같아요.

$$
\begin{array}{r}
7\ 6 \\
0.3\,\overline{)2.2.8} \\
2\ 1 \\
\hline
1\ 8 \\
1\ 8 \\
\hline
0
\end{array}
\Rightarrow
\begin{array}{r}
7.6 \\
3\,\overline{)2\ 2.8} \\
2\ 1 \\
\hline
1\ 8 \\
1\ 8 \\
\hline
0
\end{array}
$$

2.28÷0.3=7.6　←　22.8÷3=7.6

> 나누어지는 수와 나누는 수가 모든 자연수가 될 때까지 소수점을 옮겨서 계산하기도 해요.

$$
\begin{array}{r}
7.6 \\
30\,\overline{)2\ 2\ 8.0}
\end{array}
$$

2.28÷0.3은 228÷30으로 계산해도 결과가 같아요.

🦴 나눗셈을 세로셈으로 계산하세요.

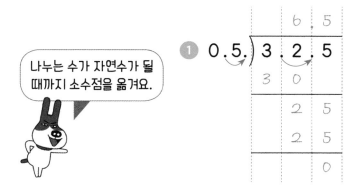

나누는 수가 자연수가 될 때까지 소수점을 옮겨요.

① 0.5.)3.2.5

② 0.4.)1.7̇.6̇

③ 0.3.)2.5̇.8̇

④ 0.7.)4.5̇.5̇

⑤ 0.6)1.35

⑥ 0.2)4.25

⑦ 0.8)5.96

⑧ 0.0 7.)1.6 2̇.4̇

⑨ 0.0 9.)4.7 1̇.6̇

⑩ 0.1 2.)2.9 5̇.2̇

⑪ 0.06)4.431

⑫ 0.15)1.089

⑬ 0.48)4.008

🦴 소수의 나눗셈을 하세요.

① $0.4\overline{)3.56}$ ② $0.3\overline{)4.53}$ ③ $0.5\overline{)3.65}$

④ $0.3\overline{)7.38}$ ⑤ $0.6\overline{)3.42}$ ⑥ $0.7\overline{)35.49}$

⑦ $0.8\overline{)4.84}$ ⑧ $0.2\overline{)3.65}$ ⑨ $0.6\overline{)4.53}$

⑩ $1.2\overline{)4.14}$ ⑪ $2.6\overline{)8.71}$ ⑫ $4.8\overline{)14.64}$

🦴 소수의 나눗셈을 하세요.

① 0.05$\overline{)3.575}$　　② 0.07$\overline{)2.275}$　　③ 0.06$\overline{)1.488}$

④ 0.13$\overline{)1.742}$　　⑤ 0.27$\overline{)6.399}$　　⑥ 0.34$\overline{)24.276}$

⑦ 0.15$\overline{)1.896}$　　⑧ 0.36$\overline{)4.806}$　　⑨ 0.52$\overline{)12.506}$

⑩ 1.03$\overline{)7.725}$　　⑪ 2.31$\overline{)19.866}$　　⑫ 3.45$\overline{)24.702}$

개념 다지기

🍗 소수의 나눗셈을 하세요.

1 4.82÷0.2=

2 5.34÷0.3=

3 2.13÷0.6=

4 6.26÷0.4=

5 1.084÷0.08=

6 2.413÷0.19=

7 3.822÷0.28=

8 7.566÷1.56=

개념 키우기

🦴 소수의 나눗셈을 하세요.

① 3.64÷0.2=

② 3.75÷0.3=

③ 4.152÷0.12

④ 38.532÷1.56=

⑤ 59.976÷3.57=

⑥ 92.697÷5.83=

도전해 보세요

① 밑면의 가로의 길이가 1.5 m, 높이가 2.76 m, 부피가 67.482 m³인 직육면체가 있습니다. 이 직육면체의 밑면의 세로의 길이는 몇 m일까요?

(   ) m

② 소수의 나눗셈을 하세요.

(1) 4.248÷1.2=

(2) 347.2÷4.96=

○ 6학년 소수의 나눗셈
  (자릿수가 다른
  (소수)÷(소수))

○ 6학년 소수의 나눗셈
  ((자연수)÷(소수))

○ 6학년 소수의 나눗셈
  (몫을 반올림하여 나타내기)

?! 기억해 볼까요?

소수의 나눗셈을 하세요.

1 $42.56 ÷ 0.7 =$

2 $3.751 ÷ 0.22 =$

⟲ 30초 개념

(자연수)÷(소수)는 나누는 수가 자연수가 되도록 나누는 수와 나누어지는 수의 소수점을 오른쪽으로 같은 자리만큼 옮겨서 계산해요.

◎ $18 ÷ 1.5$의 계산

18과 1.5의 소수점을 나누는 수 1.5가 자연수가 되도록 오른쪽으로 한 자리씩 옮겨서 $180 ÷ 15$를 계산합니다.

$$
\begin{array}{r}
1\,2 \\
1.5\,)\,\overline{1\,8.0.} \\
1\,5 \\
\hline
3\,0 \\
3\,0 \\
\hline
0
\end{array}
\qquad\Rightarrow\qquad
\begin{array}{r}
1\,2 \\
1\,5\,)\,\overline{1\,8\,0} \\
1\,5 \\
\hline
3\,0 \\
3\,0 \\
\hline
0
\end{array}
$$

$18 ÷ 1.5 = 12$ ⬅ $180 ÷ 15 = 12$

분수의 나눗셈으로도 계산할 수 있어요.

$$18 ÷ 1.5 = \frac{180}{10} ÷ \frac{15}{10} = 180 ÷ 15 = 12$$

🍗 나눗셈을 세로셈으로 계산하세요.

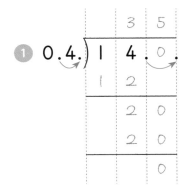

① 0.4.⟌1 4.0.

② 0.5⟌4

③ 0.7⟌21

④ 1.2⟌36

⑤ 0.8⟌6

⑥ 0.4⟌11

⑦ 0.6⟌15

⑧ 0.8⟌1

⑨ 0.05⟌4

⑩ 0.15⟌12

⑪ 3.6⟌54

⑫ 1.25⟌14

⑬ 1.6⟌46

🦴 소수의 나눗셈을 하세요.

① $6 \div 0.5 =$

② $12 \div 0.3 =$

③ $12 \div 0.25 =$

④ $18 \div 0.32 =$

⑤ $42 \div 0.24 =$

⑥ $9 \div 0.16 =$

⑦ $45 \div 4.8 =$

⑧ $147 \div 5.6 =$

개념 키우기

🦴 소수의 나눗셈을 하세요.

① $40 \div 0.8 =$

② $42 \div 0.07 =$

③ $65 \div 1.04 =$

④ $78 \div 3.12 =$

④ $3 \div 2.4 =$

⑤ $15 \div 4.8 =$

도전해 보세요

① 물 50 L를 한 병에 1.25 L씩 나누어 담으려고 합니다. 담을 수 있는 병은 모두 몇 개일까요?

(　　　　　　　　) 개

② 소수의 나눗셈을 하세요.

(1) $42 \div 2.625 =$

(2) $3 \div 0.1875 =$

34 몫을 반올림하여 나타내기

⁇! 기억해 볼까요?

소수의 나눗셈을 하세요.

① $55.08 \div 2.16 =$

② $28.188 \div 1.16 =$

⏱ 30초 개념

소수의 나눗셈에서 나누어떨어지지 않을 때 몫을 반올림해서 나타내요.

◎ $1.3 \div 0.3$의 계산

몫을 소수 첫째 자리에서 반올림하면
$$4.3\underline{3} \cdots\cdots \Rightarrow 4$$
몫을 소수 둘째 자리에서 반올림하면
$$4.3\underline{3} \cdots\cdots \Rightarrow 4.3$$

```
              4 . 3  3  ······
      0.3.)  1.3. 0  0
            1  2
               1  0
                  9
                  1  0
                     9
                     1
```

몫을 반올림할 때
표현에 주의해요.

◎ $1.3 \div 0.3$의 몫을

① 소수 둘째 자리에서 반올림하여 나타내세요. ➡ **4.3**
  ➡ 소수 둘째 자리에서 반올림하면 소수 첫째 자리까지 나타내요.

② 반올림하여 소수 둘째 자리까지 나타내세요. ➡ **4.33**
  ➡ 소수 둘째 자리까지 나타내려면 소수 셋째 자리에서 반올림해요.

🦴 나눗셈의 몫을 소수 첫째 자리에서 반올림하여 나타내세요.

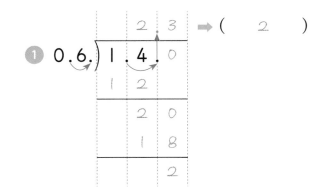

❶ 0.6.)1.4.0 → (2)

❷ 0.3)2.5 → (　　　)　　　❸ 0.7)4.5 → (　　　)

❹ 7)20 → (　　　)　　　❺ 6)32 → (　　　)

❻ 0.8)25 → (　　　)　　　❼ 0.9)17 → (　　　)

❽ 1.8)14 → (　　　)　　　❾ 3.6)49 → (　　　)

개념 다지기

🍗 나눗셈의 몫을 반올림하여 소수 첫째 자리까지 나타내세요.

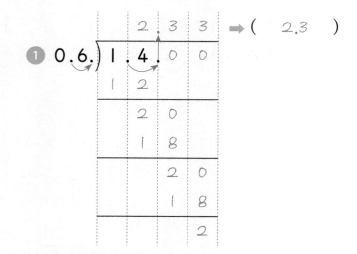

① 0.6.)1.4. → (2.3   )

② 0.3)0.5 → (   )   **③** 0.7)2.9 → (   )

④ 9)11 → (   )   **⑤** 6)22 → (   )

⑥ 0.6)49 → (   )   **⑦** 0.7)3 → (   )

⑧ 1.2)34 → (   )   **⑨** 4.1)93 → (   )

개념 키우기

🦴 물음에 답하세요.

① 4.4÷0.3의 몫을 반올림하여 소수 첫째 자리까지 나타내세요.

(   )

② 5.2÷0.7의 몫을 반올림하여 소수 둘째 자리까지 나타내세요.

(   )

③ 6.5÷0.4의 몫을 소수 첫째 자리에서 반올림하여 나타내세요.

(   )

④ 7.1÷0.9의 몫을 소수 둘째 자리에서 반올림하여 나타내세요.

(   )

도전해 보세요

① 음료수 4.1 L를 6명이 똑같이 나누어 마시려고 합니다. 한 사람이 약 몇 L씩 마실 수 있는지 반올림하여 소수 둘째 자리까지 나타내세요.

약 (   ) L

② 나눗셈의 몫을 소수 넷째 자리에서 반올림하여 나타내세요.

3.5÷1.7 ➡ (   )

35 나누어 주고 남는 양

○ 4-1 곱셈과 나눗셈
　　((세 자리 수)÷(두 자리 수))

○ 6학년 소수의 나눗셈
　　((소수)÷(자연수))

○ 6학년 소수의 나눗셈
　　(나누어 주고 남는 양)

기억해 볼까요?

소수의 나눗셈을 하세요.

❶ $6.35 \div 5 =$

❷ $15.75 \div 7 =$

30초 개념

소수의 나눗셈에서도 상황에 따라 나누어 주고 남는 양이 있는 경우가 있어요.

🎯 물 $7.5\,L$를 한 사람에게 $3\,L$씩 나누어 주는 경우

사람 수는 소수가 될 수 없으므로 몫을 자연수까지만 구합니다.

방법1 뺄셈으로 계산하기

2번

$$7.5 - 3 - 3 = 1.5$$

↓

사람 수: 2명　　남는 양: $1.5\,L$

방법2 세로셈으로 계산하기

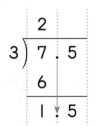

사람 수: 2명　　남는 양: $1.5\,L$

상황에 따라 달라지는 남는 양에 유의해요.

① 물 $7.5\,L$를 한 병에 $3\,L$씩 나누어 담는 경우
　➡ 2병에 나누어 담고 $1.5\,L$가 남습니다.

② 물 $7.5\,L$를 3병에 똑같이 나누어 담는 경우
　➡ 한 병에 $2.5\,L$씩 나누어 담고 남는 물은 없습니다.

🍗 나누어 주고 남는 양을 구하세요.

① 리본 25.6 cm를 한 사람에게 4 cm씩 나누어 주면 몇 명에게 나누어 주고 몇 cm가 남을 까요?

방법1 　25.6 − ☐ − ☐ − ☐ − ☐ − ☐ − ☐ = ☐

방법2

$$4\overline{)25.6}$$

사람 수: ☐ 명

남는 리본의 길이: ☐ cm

② 음료수 15.4 L를 한 병에 3 L씩 담으면 몇 병을 담고 몇 L가 남을까요?

방법1 　15.4 − ☐ − ☐ − ☐ − ☐ − ☐ = ☐

방법2

$$3\overline{)15.4}$$

병 수: ☐ 병

남는 음료수의 양: ☐ L

③ 설탕 15 g으로 달고나를 하나 만들 수 있을 때 설탕 52.6 g으로 달고나를 몇 개까지 만들 고 설탕은 몇 g이 남을까요?

방법1 　52.6 − ☐ − ☐ − ☐ = ☐

방법2

$$15\overline{)52.6}$$

달고나 수: ☐ 개

남는 설탕의 무게: ☐ g

개념 다지기

🍗 나눗셈의 몫을 자연수 부분까지 구하고 남는 수를 구하세요.

① 7) 26.5

몫 (   )

남는 수 (   )

② 4) 35.4

몫 (   )

남는 수 (   )

③ 5) 42.6

몫 (   )

남는 수 (   )

④ 8) 53.2

몫 (   )

남는 수 (   )

⑤ 3) 28.5

몫 (   )

남는 수 (   )

⑥ 9) 36.45

몫 (   )

남는 수 (   )

⑦ 12) 24.12

몫 (   )

남는 수 (   )

⑧ 15) 49.5

몫 (   )

남는 수 (   )

개념 키우기

🦴 나눗셈의 몫을 자연수 부분까지 구하고 남는 수를 구하세요.

① 42.5÷5

몫 _____ 남는 수 _____

② 34.2÷6

몫 _____ 남는 수 _____

③ 56.8÷8

몫 _____ 남는 수 _____

④ 35.7÷7

몫 _____ 남는 수 _____

⑤ 13.26÷3

몫 _____ 남는 수 _____

⑥ 4.8÷2

몫 _____ 남는 수 _____

도전해 보세요

🐾 밀가루 3.24 kg이 있습니다. 물음에 답하세요.

① 빵 하나를 만드는데 밀가루 0.6 kg이 필요합니다. 빵을 모두 몇 개까지 만들고 남는 밀가루는 몇 kg일까요?

빵 개수: (   ) 개, 남는 밀가루 양: (   ) kg

② 밀가루를 똑같이 사용하여 빵을 여섯 개 만들 때 빵 하나에 사용한 밀가루는 몇 kg일까요?

(   ) kg

36 소수와 분수의 곱셈과 나눗셈

○ 5학년 소수의 곱셈
  ((소수)×(자연수),
  (자연수)×(소수),
  (소수)×(소수))

○ 6학년 소수의 나눗셈
  ((소수)÷(자연수),
  (소수)÷(소수),
  (자연수)÷(소수))

○ 6학년 소수의 나눗셈
  (소수와 분수의 곱셈과 나눗셈)

?! 기억해 볼까요?

계산하세요.

1 $50 \div 5 \times 2 =$

2 $7 \times 9 \div 3 =$

3 $0.67 \times 0.8 =$

4 $12.8 \div 0.8 =$

⏱ 30초 개념

소수와 분수가 섞여 있는 식은 분수를 소수로 바꾸거나 소수를 분수로 바꾸어 계산해요.

◎ $2.5 \div \dfrac{1}{2}$의 계산

① 분수를 소수로 바꾸어 계산하기

$\dfrac{1}{2}$을 소수로 바꾸면 $\dfrac{1}{2} = \dfrac{1 \times 5}{2 \times 5} = \dfrac{5}{10} = 0.5$입니다.

$$2.5 \div \dfrac{1}{2} = 2.5 \div 0.5 = 25 \div 5 = 5$$

② 소수를 분수로 바꾸어 계산하기

2.5를 분수로 바꾸면 $2.5 = \dfrac{25}{10} = \dfrac{5}{2}$입니다.

$$\dfrac{5}{2} \div \dfrac{1}{2} = 5 \div 1 = 5$$

◎ $0.2 \times \dfrac{5}{2} \div 0.4$의 계산

$$0.2 \times \dfrac{5}{2} \div 0.4 = \dfrac{\overset{1}{\cancel{2}}}{\underset{2}{\cancel{10}}} \times \dfrac{\overset{1}{\cancel{5}}}{\cancel{2}} \div 0.4 = \dfrac{1}{2} \div 0.4$$

$$= \dfrac{1}{2} \div \dfrac{4}{10}$$

$$= \dfrac{1}{2} \times \dfrac{10}{4} = \dfrac{5}{4} = 1\dfrac{1}{4} (= 1.25)$$

> 곱셈과 나눗셈은 앞에서부터 차례로 계산해요.

170

🍗 분수를 소수로 바꾸어 계산하세요.

① $2.4 \div \dfrac{1}{5} =$

② $3.2 \times \dfrac{1}{4} =$

③ $\dfrac{3}{20} \div 0.5 =$

④ $5\dfrac{2}{5} \div 0.9 =$

🍗 소수를 분수로 바꾸어 계산하세요.

⑤ $1.5 \div 1\dfrac{1}{4} =$

⑥ $6.3 \times \dfrac{5}{9} =$

⑦ $\dfrac{3}{5} \div 1.25 =$

⑧ $1\dfrac{4}{5} \div 1.2 =$

🍗 소수를 분수로 바꾸거나 분수를 소수로 바꾸어 계산하세요.

⑨ $2.4 \div \dfrac{3}{5} \times 1.9 =$

⑩ $6.3 \div \dfrac{7}{10} \times 3.2 =$

⑪ $0.7 \times \dfrac{4}{5} \div 0.2 =$

⑫ $1.6 \times 1\dfrac{1}{5} \div 0.8 =$

🍗 분수를 소수로 바꾸어 계산하세요.

① $1.5 \div \dfrac{1}{2} =$

② $1.4 \times 2\dfrac{3}{10} =$

③ $4.8 \div \dfrac{4}{5} =$

④ $7.2 \times 3\dfrac{2}{5} =$

⑤ $0.9 \div \dfrac{3}{4} =$

⑥ $5.8 \times 7\dfrac{1}{2} =$

⑦ $0.4 \div \dfrac{4}{25} =$

⑧ $8.1 \times 1\dfrac{1}{8} =$

⑨ $\dfrac{11}{20} \div 0.5 =$

⑩ $1\dfrac{3}{4} \div 0.25 =$

⑪ $2\dfrac{1}{5} \div 0.8 =$

⑫ $\dfrac{11}{25} \div 0.4 =$

⑬ $4\dfrac{3}{5} \div 0.5 =$

⑭ $2\dfrac{5}{8} \div 2.5 =$

⑮ $3\dfrac{4}{5} \div 0.19 =$

⑯ $5\dfrac{1}{2} \div 2.2 =$

🦴 소수를 분수로 바꾸어 계산하세요.

① $2.4 \div \dfrac{1}{5} =$

② $0.3 \div 1\dfrac{5}{7} =$

③ $1.7 \div \dfrac{3}{5} =$

④ $4.2 \div \dfrac{7}{12} =$

⑤ $1.8 \div 4\dfrac{1}{2} =$

⑥ $2.5 \div 1\dfrac{1}{4} =$

⑦ $0.7 \div 5\dfrac{1}{4} =$

⑧ $10.5 \div 5\dfrac{5}{6} =$

⑨ $\dfrac{7}{20} \div 0.9 =$

⑩ $4\dfrac{2}{3} \div 2.8 =$

⑪ $1\dfrac{3}{8} \div 5.5 =$

⑫ $3\dfrac{1}{2} \div 0.6 =$

⑬ $3\dfrac{1}{7} \div 2.4 =$

⑭ $1\dfrac{7}{8} \div 0.75 =$

⑮ $2\dfrac{2}{3} \div 0.16 =$

⑯ $4\dfrac{1}{5} \div 0.7 =$

계산하세요.

① $0.6 \div \dfrac{3}{5} \times 2.7 =$

② $2.8 \div 3\dfrac{1}{5} \times 2.4 =$

③ $3.6 \div 2\dfrac{2}{3} \times 0.4 =$

④ $5.2 \times \dfrac{3}{4} \div 0.13 =$

⑤ $4.6 \times \dfrac{2}{5} \div 0.3 =$

⑥ $1\dfrac{3}{8} \div 2.2 \times 1.3 =$

⑦ $6\dfrac{3}{4} \div 1.8 \times 2.4 =$

⑧ $3\dfrac{1}{5} \div 6.4 \times 7.5 =$

⑨ $4\dfrac{16}{25} \times 3.5 \div 0.4 =$

⑩ $6\dfrac{3}{7} \times 1.4 \div 8.1 =$

개념 키우기

🦴 계산하세요.

① $1.2 \div 3\dfrac{4}{5} =$

② $0.8 \div 2\dfrac{2}{5} =$

③ $\dfrac{1}{4} \div 0.3 =$

④ $3\dfrac{1}{2} \div 4.2 =$

⑤ $2.6 \div 1\dfrac{3}{5} \times 2.4 =$

⑥ $3\dfrac{3}{16} \div 2.7 \times 3.4 =$

도전해 보세요

① 밑변의 길이가 3.2 cm, 높이가 $4\dfrac{1}{2}$ cm 인 삼각형의 넓이는 몇 cm²일까요?

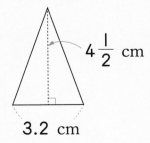

$4\dfrac{1}{2}$ cm

3.2 cm

(   ) cm²

② $6\dfrac{3}{4}$ 과 4.5의 곱을 0.25로 나눈 몫은 얼마인지 하나의 식으로 쓰고 구하세요.

식 _____

답 _____

1~6학년 연산 개념연결 지도

1학년

- 0에서 9까지의 수
- 0에서 9까지의 수 크기 비교
- 9까지의 수 가르기와 모으기
- 한 자리 수의 덧셈
- 한 자리 수의 뺄셈
- 한 자리 수의 덧셈과 뺄셈
- 십몇 가르기와 모으기
- 50까지의 수
- 50까지의 수 크기 비교

- 99까지의 수
- 100까지 수의 크기 비교
- 두 자리 수의 덧셈
- 두 자리 수의 뺄셈
- 두 자리 수의 덧셈과 뺄셈
- 세 수의 덧셈과 뺄셈
- 10을 만들어 더하기
- 받아올림이 있는 덧셈
- 받아내림이 있는 뺄셈

2학년

- 세 자리 수
- 네 자리 수
- 두 자리 수의 덧셈
- 네 자리 수의 크기 비교
- 여러 가지 방법으로 덧셈하기
- 2~9단 곱셈구구
- 두 자리 수의 뺄셈
- 1단 곱셈구구와 0의 곱
- 여러 가지 방법으로 뺄셈하기
- 곱셈표 만들기
- 덧셈과 뺄셈의 관계
- 길이의 합과 차
- 세 수의 덧셈과 뺄셈
- 시각
- 묶어 세기
- 시간
- 곱셈식
- 표에서 규칙 찾기

3학년

- 세 자리 수의 덧셈
- (세 자리 수) × (한 자리 수)
- 세 자리 수의 뺄셈
- (두 자리 수) × (두 자리 수)
- 똑같이 나누기
- (두 자리 수) ÷ (한 자리 수)
- 곱셈과 나눗셈의 관계
- (세 자리 수) ÷ (한 자리 수)
- (두 자리 수) × (한 자리 수)
- 분수만큼 계산하기
- 길이의 단위
- 여러 가지 분수
- 시간의 덧셈
- 들이의 덧셈과 뺄셈
- 시간의 뺄셈
- 무게의 덧셈과 뺄셈

메모

1 $\frac{1}{10}$　　2 $\frac{3}{10}$

3 $\frac{6}{10}$　　4 $\frac{9}{10}$

1 $\frac{7}{10}$, 0.7　　2 $\frac{3}{10}$, 0.3

3 $\frac{4}{10}$, 0.4　　4 $\frac{1}{10}$, 0.1

5 $\frac{9}{10}$, 0.9　　6 $\frac{5}{10}$, 0.5

7 $\frac{2}{10}$, 0.2　　8 $\frac{8}{10}$, 0.8

1 0.1, 영 점 일　　2 0.3, 영 점 삼
3 0.9, 영 점 구　　4 0.6, 영 점 육
5 0.2, 영 점 이　　6 0.5, 영 점 오
7 0.4, 영 점 사　　8 0.8, 영 점 팔
9 3　　10 7
11 2　　12 0.9
13 0.5　　14 0.8
15 0.4　　16 6

1 0.4, 영 점 사　　2 0.9, 영 점 구
3 0.7, 영 점 칠　　4 0.3, 영 점 삼
5 0.5, 영 점 오　　6 0.8, 영 점 팔

1 10　　2 1

1 $\frac{1}{10}$ 이 1개이면 $\frac{1}{10}$, $\frac{1}{10}$ 이 2개이면 $\frac{2}{10}$, $\frac{1}{10}$ 이 3개이면 $\frac{3}{10}$ ……이므로 $\frac{1}{10}$ 이 10개이면 $\frac{10}{10}$ 입니다.

2 0.1이 1개이면 0.1, 0.1이 2개이면 0.2, 0.1이 3개이면 0.3……이므로 0.1이 10개이면 1.0＝1입니다.

1 0.4, 영 점 사　　2 0.6, 영 점 육

1 1.6
2 1.3　　3 2.8
4 2.4　　5 4.2
6 6.7　　7 8.5
8 1.6, 일 점 육　　9 3.1, 삼 점 일
10 5.9, 오 점 구　　11 7.2, 칠 점 이
12 9.7, 구 점 칠　　13 8.5, 팔 점 오

1 25　　2 37
3 91　　4 42
5 13　　6 66
7 70　　8 5.8
9 8.4　　10 3.6
11 7.2　　12 9.9
13 6.5　　14 5.3
15 4　　16 18

❶ 2.7, 이 점 칠   ❷ 6.1, 육 점 일
❸ 3.4, 삼 점 사   ❹ 6.8, 육 점 팔
❺ 4.9, 사 점 구   ❻ 9.1, 구 점 일
❼ 3.8, 삼 점 팔   ❽ 7.1, 칠 점 일

37, 41, 4.1

0.1의 개수를 비교하여 소수 덧셈의 원리를
알게 됩니다.

03   소수의 크기 비교 (1)

❶ 37   ❷ 4.2

❶ <, 3, 7   ❷ >, 26, 19
❸ <, 4, 9   ❹ <, 6, 7
❺ <, 14, 18   ❻ >, 35, 32
❼ <, 47, 91   ❽ <, 34, 65
❾ >, 42, 38   ❿ >, 73, 37

❶ <   ❷ >   ❸ >
❹ >   ❺ >   ❻ <
❼ <   ❽ <   ❾ >
❿ <   ⓫ >   ⓬ >
⓭ <   ⓮ >   ⓯ <
⓰ <   ⓱ >   ⓲ <

❶ 0.2, 0.3, 0.5   ❷ 0.1, 0.4, 0.9
❸ 1.3, 2.1, 6.9   ❹ 3.9, 4.1, 5.2
❺ 3.5, 8.1, 8.4   ❻ 4.1, 4.2, 4.8

❶ (1) >   (2) <   (3) >   (4) <
❷ 호영, 지은, 원석

❶ (1), (2) 자연수 4와 6을 4.0, 6.0으로 바
    꾸어 생각해 봅니다.
   (3), (4) 자연수 부분을 비교할 때 한 자리씩
     비교하지 않도록 유의합니다.
❷ 2.5, 2.4, 3.1을 큰 수부터 차례대로 쓰
    면 3.1, 2.5, 2.4입니다.

04   소수 두 자리 수

0.1, 영 점 일

❶ 0.17, 영 점 일칠
❷ 0.25, 영 점 이오   ❸ 0.68, 영 점 육팔
❹ 0.03, 영 점 영삼   ❺ 0.09, 영 점 영구
❻ 1.42, 일 점 사이   ❼ 3.67, 삼 점 육칠
❽ 6.05, 육 점 영오   ❾ 9.35, 구 점 삼오
❿ 3.02, 삼 점 영이   ⓫ 6.1, 육 점 일

❶ 1, 8, 7   ❷ 3, 5, 1

③ 3, 2, 9　　　　　④ 9, 8, 3
⑤ 0, 4, 2　　　　　⑥ 0, 7, 6
⑦ 3, 0, 3　　　　　⑧ 6, 0, 9
⑨ 4, 2, 0　　　　　⑩ 7, 4, 0
⑪ 3, 0, 0　　　　　⑫ 0, 0, 5

③ 1.814, 일 점 팔일사, 1.817, 일 점 팔일칠
④ 3.403, 삼 점 사영삼, 3.405, 삼 점 사영오
⑤ 5.002, 오 점 영영이, 5.009, 오 점 영영구

① 0.43, 영 점 사삼　　② 0.72, 영 점 칠이
③ 7.51, 칠 점 오일　　④ 3.29, 삼 점 이구
⑤ 4.06, 사 점 영육　　⑥ 5.07, 오 점 영칠

① 3, 1, 5, 4　　　　② 5, 0, 3, 2
③ 4, 5, 9, 4　　　　④ 7, 4, 3, 1
⑤ 1, 0, 7, 8　　　　⑥ 9, 4, 0, 7
⑦ 2, 0, 0, 5　　　　⑧ 3, 0, 6, 0

① $2.718 = 2 + 0.7 + 0.01 + 0.008$
② $0.624 = 0.6 + 0.02 + 0.004$
③ $0.804 = 0.8 + 0.004$
④ $3.049 = 3 + 0.04 + 0.009$
⑤ $4.002 = 4 + 0.002$
⑥ $12.132 = 10 + 2 + 0.1 + 0.03 + 0.002$

① 3.49　　　　　　② 4.56

① 0.2는 0.1이 2개이므로 0.2가 2개이면
0.1이 4개입니다. 0.03은 0.01이 3개이
므로 0.03이 3개이면 0.01이 9개입니다.
1이 3개, 0.1이 4개, 0.01이 9개인 수는
3.49입니다.
② 수직선을 살펴보면 4.5에서 4.6까지 0.1
이 똑같이 다섯으로 나누어져 있으므로 한
칸에 0.02임을 알 수 있습니다. 4.5에서
0.02만큼 3번 더 갔으므로 4.56입니다.

① 7.381, 7.383　　② 1.529, 1.531

① 0.001 작은 수와 큰 수를 알아보며 소수
의 덧셈과 뺄셈의 원리를 깨우칩니다.
② 1.53보다 0.001 작은 수를 생각할 때 뺄
셈의 받아내림을 자연스럽게 깨우칩니다.

05 소수 세 자리 수

① 0, 1, 4　　　　　② 3, 5, 8

06 소수의 크기 비교(2)

① 0.001, 영 점 영영일, 0.008, 영 점 영영팔
② 0.522, 영 점 오이이, 0.526, 영 점 오이육

① <　　　　　　　② <

①
0.343   0.348   , <
0.34   0.35

②
1.421   1.425   , >
1.42   1.43

③
4.503   4.507   , <
4.5   4.51

④
0.829   0.834   , <
0.82   0.83   0.84

⑤
3.029   3.032   , >
3.02   3.03   3.04

⑥
5.997   6.002   , >
5.99   6   6.01

① <   ② >
③ >   ④ <
⑤ >   ⑥ <
⑦ >   ⑧ <
⑨ >   ⑩ >
⑪ <   ⑫ <
⑬ >   ⑭ >
⑮ >   ⑯ >

① 0.561, 0.732, 0.894
② 0.134, 0.135, 0.651
③ 7.125, 7.135, 8.946
④ 2.156, 2.164, 2.497
⑤ 2.176, 3, 3.549
⑥ 3.1, 5.94, 12.1

① (1) 5, 6   (2) 4, 5, 6
② 5.71

① (1) 1.34□가 1.344보다 크므로 □ 안에 들어갈 수 있는 자연수는 5, 6, 7, 8, 9입니다. 1.34□가 1.347보다 작으므로 □ 안에 들어갈 수 있는 자연수는 1, 2, 3, 4, 5, 6입니다. 따라서 □ 안에 들어갈 수 있는 자연수는 5, 6입니다.
(2) 3.□6이 3.4보다 크므로 □ 안에 들어갈 수 있는 자연수는 4, 5, 6, 7, 8, 9입니다. 3.□6이 3.7보다 작으므로 □ 안에 들어갈 수 있는 자연수는 1, 2, 3, 4, 5, 6입니다. 따라서 □ 안에 들어갈 수 있는 자연수는 4, 5, 6입니다.
② 자연수 부분이 5인 소수 두자리 수는 5.□□입니다. 5.7보다 큰 수이므로 5.71부터 5.99까지 가능합니다. 이 중 각 자리수의 합이 13인 수는 5.71뿐입니다.

07 소수 사이의 관계

① 0, 1, 4   ② 3, 5, 8

① 0.05, 0.5, 5
② 0.24, 2.4, 24
③ 3.94, 39.4, 394
④ 25.71, 257.1, 2571
⑤ 0.2, 0.02, 0.002
⑥ 3.7, 0.37, 0.037

7 56.1, 5.61, 0.561

8 372.5, 37.25, 3.725

3 1549   **4** 0.021

5 0.541   **6** 34.9

개념 다지기 ································· **38쪽**

1 0.03, 0.003   **2** 0.07, 0.7

3 0.17, 0.017   **4** 0.73, 7.3

5 0.35, 0.035   **6** 5.48, 54.8

7 0.4, 0.04   **8** 9.02, 90.2

9 1.37, 0.137   **10** 3.5, 35

개념 다지기 ································· **39쪽**

1 4   **2** 5

3 3.8   **4** 8.9

5 4.71   **6** 56.42

7 35.1   **8** 121.3

9 40.14   **10** 82.06

11 36   **12** 91.3

13 154.7   **14** 376.4

15 451   **16** 340

17 349   **18** 4952

개념 다지기 ································· **40쪽**

1 0.7   **2** 0.8

3 0.05   **4** 0.07

5 0.004   **6** 0.087

7 0.134   **8** 1.256

9 0.37   **10** 6.57

11 0.03   **12** 0.11

13 0.013   **14** 0.125

15 1.218   **16** 5.427

17 0.001   **18** 0.421

개념 키우기 ································· **41쪽**

1 5.612   **2** 24.6

도전해 보세요 ································· **41쪽**

1 (1) 156.8   (2) 6.721

(3) 0.456   (4) 72.31

2 375.1

1 (1) 1.568의 1000배는 1568입니다.

1568의 $\frac{1}{10}$배는 156.8입니다.

다른 풀이

1000배의 $\frac{1}{10}$배는 100배이므로

1.568의 100배를 구하면 156.8입니다.

(2) 6.721의 $\frac{1}{100}$배는 0.06721입니다.

0.06721의 100배는 6.721입니다.

다른 풀이

$\frac{1}{100}$배의 100배는 1배이므로 6.721

의 1배를 구하면 6.721입니다.

(3) 4.56의 10배는 45.6입니다. 45.6의

$\frac{1}{100}$배는 0.456입니다.

다른 풀이

10배의 $\frac{1}{100}$배는 $\frac{1}{10}$배이므로 4.56

의 $\frac{1}{10}$배를 구하면 0.456입니다.

(4) 7.231의 $\frac{1}{10}$배는 0.7231입니다.

0.7231의 100배는 72.31입니다.

다른 풀이

$\frac{1}{10}$배의 100배는 10배이므로 7.231

의 10배를 구하면 72.31입니다.

2 3.751의 100배는 375.1입니다.

08 단위 사이의 관계

기억해 볼까요? ································· 42쪽

① 1, 20　　　② 2500
③ 4, 100　　　④ 1500

개념 익히기 ································· 43쪽

① 1　　　② 0.1
③ 0.5　　　④ 0.3
⑤ 0.9　　　⑥ 0.4
⑦ 0.8　　　⑧ 0.6
⑨ 1.2　　　⑩ 15
⑪ 1　　　⑫ 0.01
⑬ 0.21　　　⑭ 0.42
⑮ 1　　　⑯ 0.001

개념 다지기 ································· 44쪽

① 1　　　② 0.001
③ 0.035　　　④ 0.55
⑤ 0.847　　　⑥ 2.169
⑦ 1　　　⑧ 0.001
⑨ 0.008　　　⑩ 0.63
⑪ 1　　　⑫ 1.5
⑬ 3.62　　　⑭ 19.7
⑮ 7.9　　　⑯ 0.072

개념 키우기 ································· 45쪽

① 16　　　② 8.06
③ 0.107　　　④ 0.97
⑤ 1.5　　　⑥ 0.008
⑦ 1.7　　　⑧ 0.1
⑨ 0.007　　　⑩ 1.55

도전해 보세요 ································· 45쪽

① 5　　　　　　② 9

① 자동차 한 대의 무게가 2500 kg이므로 자동차 두 대의 무게는 5000 kg입니다. 5000 kg은 5 t입니다.
② 우유 한 팩에 900 mL 들어있으므로 우유 10팩에는 9000 mL가 들어있습니다. 9000 mL는 9 L입니다.

09 소수 한 자리 수의 덧셈

기억해 볼까요? ································· 48쪽

① 8　　　　　　② 14
③ 2.2　　　　　④ 3

개념 익히기 ································· 49쪽

① 위에서부터 2, 4, 6, 0.6
② 위에서부터 22, 19, 41, 4.1
③ 앞에서부터 9, 6, 15; 1.5
④ 앞에서부터 28, 25, 53; 5.3
⑤ 앞에서부터 37, 19, 56; 5.6

개념 다지기 ································· 50쪽

① 0.9　　　② 1; 2.1
③ 0.8　　　④ 1; 1.4　　　⑤ 1.9
⑥ 2.5　　　⑦ 3.8　　　⑧ 5.7
⑨ 1; 2.4　　⑩ 1; 4.2　　⑪ 1; 5.3
⑫ 1; 5.8　　⑬ 1; 6.1　　⑭ 1; 6.5

개념 다지기 ································· 51쪽

① 0.9　　　② 1.9　　　③ 3.9

6

④ 1.5 **⑤** 3.2 **⑥** 4.3

⑦ 6.3 **⑧** 7.5 **⑨** 10.1

⑩ 9.1 **⑪** 9.1 **⑫** 9.4

⑬ 10.4 **⑭** 10.5 **⑮** 12.1

개념 다지기 ·········· 52쪽

❶
```
  0.6
+ 0.3
  0.9
```
❷
```
  1.4
+ 0.5
  1.9
```

❸
```
  0.8
+ 0.9
  1.7
```
❹
```
  2.7
+ 1.4
  4.1
```
❺
```
  5.2
+ 2.9
  8.1
```

❻
```
  3.7
+ 5.5
  9.2
```
❼
```
  8.4
+ 1.7
 10.1
```
❽
```
  5.3
+ 4.8
 10.1
```

❾
```
  8.1
+ 3.8
 11.9
```
❿
```
  6.7
+ 6.5
 13.2
```
⓫
```
  7.6
+ 2.7
 10.3
```

⓬
```
 10.6
+  2.8
 13.4
```
⓭
```
   4.9
+ 16.4
 21.3
```
⓮
```
 16.5
+  3.8
 20.3
```

개념 키우기 ·········· 53쪽

❶ 9.9 **❷** 11.7 **❸** 13.9

❹ 10.5 **❺** 13.1 **❻** 15.4

❼ 2.5 **❽** 8.1 **❾** 10.3

❿ 15.2 **⓫** 21.3 **⓬** 26.1

도전해 보세요 ·········· 53쪽

❶ 위에서부터 1, 2, 6

❷ 해설 참조

❶
```
  ㉡ . 6
  ㉢ . ㉠
+   4 . ㉠
  7 . 2
```
에서 소수 첫째 자리 수끼리의 덧셈을 보면 6+㉠의 일의 자리 결과가 2입니다. 6과 어떤 수를 더해서 일의 자리가 2가 되는 수는 6+6=12이므로 ㉠=6입니다. 12에서 10을 받아올림하면 ㉡=1이고, 1+㉢+4=7이므로 ㉢=2입니다. 따라서 □ 안에 알맞은 수는 1, 2, 6입니다.

❷
```
  1 2.7
+   2.5
  3 7.7
```
의 계산은 소수점끼리 자리를 맞추지 않았습니다. 따라서 소수점을 맞추어 바르게 계산하면
```
  1 2.7
+   2.5
  1 5.2
```

10 소수 두 자리 수의 덧셈

기억해 볼까요? ·········· 54쪽

❶ 13 **❷** 104

❸ 2.12 **❹** 3.03

개념 익히기 ·········· 55쪽

❶ 0.58 **❷** 1.89 **❸** 3.99

❹ 5.92 **❺** 6.81 **❻** 8.73

❼ 8.25 **❽** 5.48 **❾** 9.19

❿ 6.32 **⓫** 8.04 **⓬** 9.11

⓭ 8.06 **⓮** 9.03 **⓯** 10.13

개념 다지기 ·········· 56쪽

❶
```
  0.4 7
+ 0.5 2
  0.9 9
```
❷
```
  1.2 6
+ 0.6 3
  1.8 9
```
❸
```
  3.0 4
+ 1.7 2
  4.7 6
```

❹
```
  0.3 1
+ 0.8 4
  1.1 5
```
❺
```
  1.9 5
+ 1.2 3
  3.1 8
```
❻
```
  4.5 1
+ 2.8 7
  7.3 8
```

❼
```
  2.5 7
+ 2.1 7
  4.7 4
```
❽
```
  4.3 9
+ 1.4 8
  5.8 7
```
❾
```
  3.8 3
+ 4.0 8
  7.9 1
```

❿
```
  1.6 4
+ 2.8 5
  4.4 9
```
⓫
```
  5.9 2
+ 3.1 9
  9.1 1
```
⓬
```
  0.7 9
+ 7.6 2
  8.4 1
```

⓭
```
  7.8 6
+ 1.9 5
  9.8 1
```
⓮
```
  8.0 9
+ 0.9 6
  9.0 5
```
⓯
```
  5.3 7
+ 3.6 4
  9.0 1
```

개념 키우기 ·········· 57쪽

❶ 4.99   **❷** 4.45   **❸** 9.09
❹ 7.95   **❺** 9.02   **❻** 9.01
❼ 1.61   **❽** 3.21   **❾** 4.21
❿ 8.04   **⓫** 8.01   **⓬** 9.07

도전해 보세요 ·········· 57쪽

❶ =   **❷** 1.51

❶
```
  2.6 2        2.8 8
+ 2.8 8      + 2.6 2
  5.5 0        5.5 0̸
```
2.62+2.88=5.5이고,
2.88+2.62=5.5이므로
2.62+2.88 ⊜ 2.88+2.62입니다.

다른 풀이
2.62+2.88과 2.88+2.62는 더해지는
수와 더하는 수의 순서를 바꾸어 더하는
것이므로 결과는 같습니다.

---

❷ (작년 민준이의 키)=1.43 m
올해 민준이의 키는 작년보다 0.08 m 더
컸으므로 작년의 키에 0.08 m를 더하면
됩니다. 1.43+0.08=1.51이므로 올해
민준이의 키는 1.51 m입니다.

⑪ 자릿수가 다른 소수의 덧셈

기억해 볼까요? ·········· 58쪽

❶ 8.1   **❷** 9.1
❸ 3.16   **❹** 8.04

개념 익히기 ·········· 59쪽

❶ 0.85   **❷** 1; 4.16
❸ 0.92   **❹** 3.99   **❺** 8.85
❻ 1; 4.21   **❼** 1; 7.19   **❽** 1; 7.24
❾ 1; 9.03   **❿** 1; 6.65   **⓫** 1; 8.17
⓬ 1; 6.21   **⓭** 6.97   **⓮** 1; 10.03

개념 다지기 ·········· 60쪽

❶ 0.81   **❷** 0.83   **❸** 4.78
❹ 5.98   **❺** 9.92   **❻** 8.92
❼ 1.15   **❽** 8.19   **❾** 6.81
❿ 8.36   **⓫** 7.17   **⓬** 6.85
⓭ 9.03   **⓮** 8.49   **⓯** 10.02

개념 다지기 ·········· 61쪽

❶ 1.96   **❷** 1.99   **❸** 2.82
❹ 3.87   **❺** 5.03   **❻** 3.09
❼ 8.17   **❽** 7.07   **❾** 6.22
❿ 7.51   **⓫** 8.57   **⓬** 9.08
⓭ 10.32   **⓮** 11.03   **⓯** 16.43

개념 다지기 ┄┄┄┄┄┄┄┄┄┄┄┄┄┄┄┄┄┄┄┄ 62쪽

❶
```
  0.5 3
+ 2.4 0
  2.9 3
```
❷
```
  0.6 4
+ 2.7 0
  3.3 4
```
❸
```
  1.3 0
+ 1.7 8
  3.0 8
```

❹
```
  1.5 0
+ 0.4 7
  1.9 7
```
❺
```
  2.6 5
+ 1.8 0
  4.4 5
```
❻
```
  3.0 0
+ 1.6 2
  4.6 2
```

❼
```
  3.6 3
+ 2.7 0
  6.3 3
```
❽
```
  5.3 0
+ 2.8 5
  8.1 5
```
❾
```
  4.5 1
+ 3.5 0
  8.0 1
```

❿
```
  6.1 0
+ 1.9 7
  8.0 7
```
⓫
```
  5.8 3
+ 2.3 0
  8.1 3
```
⓬
```
  4.8 5
+ 5.3 0
1 0.1 5
```

⓭
```
  7.8 0
+ 2.9 5
1 0.7 5
```
⓮
```
  9.8 1
+ 3.3 0
1 3.1 1
```
⓯
```
  7.5 0
+ 8.9 2
1 6.4 2
```

개념 키우기 ┄┄┄┄┄┄┄┄┄┄┄┄┄┄┄ 63쪽

❶ 1.95 ❷ 6.02 ❸ 5.05
❹ 8.12 ❺ 9.25 ❻ 9.53
❼ 7.25 ❽ 8.67 ❾ 9.15
❿ 10.03 ⓫ 11.44 ⓬ 16.47

도전해 보세요 ┄┄┄┄┄┄┄┄┄┄┄┄┄ 63쪽

❶

+ →		
2.42	1.39	3.81
0.9	0.7	1.6
3.32	2.09	

❷ 2.23

❶ 2.42＋1.39＝3.81, 0.9＋0.7＝1.6
  2.42＋0.9＝3.32, 1.39＋0.7＝2.09
❷ (케이크를 만드는 데 사용한 밀가루의 양)
  ＝1.43 kg
  (빵을 만드는 데 사용한 밀가루의 양)
  ＝0.8 kg

민서가 케이크와 빵을 만드는 데 사용한 밀가루는 모두 1.43＋0.8＝2.23(kg)입니다.

⑫ 소수 한 자리 수의 뺄셈

기억해 볼까요? ┄┄┄┄┄┄┄┄┄┄┄┄┄┄┄┄┄┄ 64쪽

❶ 1.3 ❷ 4.3
❸ 9.2 ❹ 6

개념 익히기 ┄┄┄┄┄┄┄┄┄┄┄┄┄┄┄┄┄┄ 65쪽

❶ 위에서부터 7, 3, 4, 0.4
❷ 위에서부터 22, 15, 7, 0.7
❸ 앞에서부터 9, 5, 4; 0.4
❹ 앞에서부터 13, 5, 8; 0.8
❺ 앞에서부터 24, 15, 9; 0.9

개념 다지기 ┄┄┄┄┄┄┄┄┄┄┄┄┄┄┄┄┄┄ 66쪽

❶ 0.4 ❷ 0, 10; 0.3
❸ 0.2 ❹ 0.2 ❺ 1.3
❻ 2.3 ❼ 1.2 ❽ 1.2
❾ 0, 10; 0.8 ❿ 1, 10; 1.6 ⓫ 2, 10; 0.4
⓬ 3, 10; 1.8 ⓭ 6, 10; 1.5 ⓮ 5, 10; 1.8

개념 다지기 ┄┄┄┄┄┄┄┄┄┄┄┄┄┄┄┄┄┄ 67쪽

❶ 0.2 ❷ 3.1 ❸ 3.2
❹ 1.8 ❺ 1.5 ❻ 0.7
❼ 0.8 ❽ 0.4 ❾ 3.5
❿ 2.7 ⓫ 2.9 ⓬ 7.4
⓭ 4.9 ⓮ 9.8 ⓯ 6.9

개념 다지기 68쪽

1) 1.3 − 0.7 = 0.6
2) 2.4 − 1.3 = 1.1
3) 3.9 − 1.8 = 2.1
4) 2.8 − 1.9 = 0.9
5) 3.5 − 0.7 = 2.8
6) 2.3 − 1.7 = 0.6
7) 4.2 − 2.3 = 1.9
8) 5.7 − 2.8 = 2.9
9) 6.4 − 5.7 = 0.7
10) 7.8 − 5.9 = 1.9
11) 9.6 − 4.8 = 4.8
12) 8.2 − 6.5 = 1.7
13) 11.6 − 2.7 = 8.9
14) 15.5 − 4.8 = 10.7
15) 20.3 − 9.6 = 10.7

개념 키우기 69쪽

1) 0.3 2) 1.2 3) 2.5
4) 0.8 5) 1.6 6) 1.9
7) 0.9 8) 0.7 9) 1.3
10) 2.7 11) 8.7 12) 11.5

도전해 보세요 69쪽

1) 1.4 2) 0.4

1) 수직선에서 11과 12사이에 5칸이 있으므로 수직선 한 칸은 0.2입니다.
따라서 ㉠=11.2이고, ㉡=12.6이므로 두 수의 차는 12.6−11.2=1.4입니다.

다른 풀이

수직선에서 11과 12사이에 5칸이 있으므로 수직선 한 칸은 0.2입니다. ㉠과 ㉡ 사이의 칸 수를 세면 7칸이므로 0.2를 7번 더하면 1.4입니다.

2) (시윤이가 산 우유의 양)=0.9 L
(시윤이가 마신 우유의 양)=0.5 L

13 소수 두 자리 수의 뺄셈

기억해 볼까요? 70쪽

1) 0.5 2) 0.9
3) 0.5 4) 1.8

개념 익히기 71쪽

1) 0.25 2) 1.32 3) 2.21
4) 0.19 5) 3.18 6) 2.04
7) 0.74 8) 4.61 9) 2.94
10) 1.78 11) 1.05 12) 1.86
13) 5.67 14) 2.77 15) 4.28

개념 다지기 72쪽

1) 0.84 − 0.42 = 0.42
2) 1.53 − 0.43 = 1.10
3) 4.63 − 1.52 = 3.11
4) 5.62 − 3.52 = 2.10
5) 4.64 − 2.25 = 2.39
6) 5.48 − 2.73 = 2.75
7) 3.57 − 2.79 = 0.78
8) 6.39 − 1.58 = 4.81
9) 5.06 − 4.12 = 0.94
10) 4.62 − 2.38 = 2.24
11) 6.16 − 3.07 = 3.09
12) 7.26 − 5.19 = 2.07
13) 3.58 − 1.69 = 1.89
14) 7.02 − 4.89 = 2.13
15) 9.42 − 6.64 = 2.78

개념 키우기 ·· 73쪽

① 1.01 **②** 2.63 **③** 2.09
④ 1.03 **⑤** 4.08 **⑥** 1.54
⑦ 0.21 **⑧** 3.61 **⑨** 2.24
⑩ 1.49 **⑪** 1.08 **⑫** 0.58

도전해 보세요 ··· 73쪽

① **②** 2.33

① 0.42＋0.19＝0.61,
0.54＋1.07＝1.61,
0.31＋1.6＝1.91,
3.42－1.51＝1.91,
0.85－0.24＝0.61,
2.5－0.89＝1.61
② (강아지의 몸무게)＝5.28 kg
(고양이의 몸무게)＝2.95 kg
강아지는 고양이보다
5.28－2.95＝2.33(kg) 더 무겁습니다.

14 자릿수가 다른 소수의 뺄셈

기억해 볼까요? ··· 74쪽

① 1.22 **②** 8.66
③ 1.6 **④** 2.06

개념 익히기 ·· 75쪽

① 0.38 **②** 0, 13, 10; 0.68
③ 1.03 **④** 1, 10; 0.94
⑤ 1, 13, 10; 1.59 **⑥** 2, 10; 2.94

⑦ 4, 10; 1.89 **⑧** 8, 10; 2.09
⑨ 3, 11, 10; 3.47 **⑩** 5, 10; 3.21
⑪ 6, 10; 1.94 **⑫** 2, 13, 10; 0.55
⑬ 5, 10, 10; 1.31 **⑭** 7, 10; 1.91

개념 다지기 ·· 76쪽

① 0.01 **②** 1.37 **③** 2.28
④ 1.85 **⑤** 0.83 **⑥** 1.41
⑦ 2.47 **⑧** 1.41 **⑨** 5.83
⑩ 1.17 **⑪** 4.08 **⑫** 2.96
⑬ 5.71 **⑭** 7.09 **⑮** 6.64

개념 다지기 ·· 77쪽

① 0.29 **②** 0.06 **③** 1.26
④ 0.94 **⑤** 1.43 **⑥** 1.72
⑦ 2.47 **⑧** 1.08 **⑨** 0.59
⑩ 1.62 **⑪** 1.85 **⑫** 2.01
⑬ 1.97 **⑭** 3.06 **⑮** 0.77

개념 다지기 ·· 78쪽

① 0.73 − 0.40 = 0.33
② 0.81 − 0.80 = 0.01
③ 3.47 − 2.30 = 1.17
④ 3.05 − 2.80 = 0.25
⑤ 1.72 − 0.80 = 0.92
⑥ 4.37 − 1.70 = 2.67
⑦ 5.82 − 3.90 = 1.92
⑧ 6.49 − 5.50 = 0.99
⑨ 4.10 − 0.09 = 4.01
⑩ 5.90 − 2.97 = 2.93
⑪ 7.30 − 3.99 = 3.31
⑫ 8.10 − 7.03 = 1.07
⑬ 7.50 − 4.98 = 2.52
⑭ 9.20 − 3.31 = 5.89
⑮ 8.40 − 7.49 = 0.91

개념 키우기 ·· 79쪽

① 0.75　　② 0.82　　③ 2.77
④ 1.68　　⑤ 2.04　　⑥ 0.47
⑦ 2.23　　⑧ 0.45　　⑨ 1.99
⑩ 2.08　　⑪ 0.43　　⑫ 4.91

도전해 보세요 ······································· 79쪽

①

② 0.55

> ① 9.5−3.72=5.78, 5.78−3.8=1.98
> ② (민서의 운동 전 몸무게)=42.25 kg
> (민서의 운동 후 몸무게)=41.7 kg
> 민서의 운동 후 줄어든 몸무게는 운동 전
> 몸무게에서 운동 후 몸무게를 빼면 되므로
> 42.25−41.7=0.55(kg)입니다.

15 소수의 덧셈과 뺄셈

기억해 볼까요? ····································· 80쪽

① 58　　　　② 18
③ 6.06　　　④ 1.56

개념 익히기 ··· 81쪽

① 0.5+1.6−0.2= 1.9
　　2.1
　　　1.9

② 3.4−0.7+2.8= 5.5
　　2.7
　　　5.5

③ 1.53+2.47−0.5= 3.5
　　4
　　　3.5

④ 4.52−1.75+0.95= 3.72
　　2.77
　　　3.72

⑤ 3.59+4.6−3.2= 4.99
　　8.19
　　　4.99

⑥ 5.97+3.4−8.4= 0.97
　　9.37
　　　0.97

⑦ 4.35−1.7+5.5= 8.15
　　2.65
　　　8.15

⑧ 9.4−1.82+1.6= 9.18
　　7.58
　　　9.18

개념 다지기 ··· 82쪽

① 1.7+2.4−3.6= 0.5
　　4.1
　　　0.5

② 4.2+3.8−5.9= 2.1
　　8
　　　2.1

③ 5.3−2.8+3.5= 6
　　2.5
　　　6

④ $7.2-1.5+2.9=8.6$
  5.7
      8.6

⑤ $2.74+3.15-3.49=2.4$
  5.89
      2.4

⑥ $5.64+2.57-1.72=6.49$
  8.21
      6.49

⑦ $6.21-2.58+4.52=8.15$
  3.63
      8.15

⑧ $7.21-1.64+2.68=8.25$
  5.57
      8.25

⑨ $6.3-1.16+3.66=8.8$
  5.14
      8.8

⑩ $2.64+3.8-5.59=0.85$
  6.44
      0.85

⑪ $3.7+4.57-1.76=6.51$
  8.27
      6.51

⑫ $9.5+1.84-0.8=10.54$
  11.34
      10.54

⑬ $12.3-2.51+0.3=10.09$
  9.79
      10.09

⑭ $15.5-3.82+4.5=16.18$
  11.68
      16.18

개념 키우기 ·········· 83쪽

① $0.8+3.54-3.9=0.44$
  4.34
      0.44

② $2.83+4.3-3.25=3.88$
  7.13
      3.88

③ $6.72-2.8+6.2=10.12$
  3.92
      10.12

④ $11.4-1.51+0.7=10.59$
  9.89
      10.59

⑤ $8.7+2.41-1.11=10$
  11.11
      10

⑥ $9.43-3.4+4.97=11$
  6.03
      11

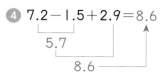

도전해 보세요 ·········· 83쪽

①
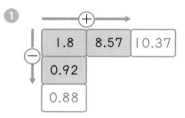

② 39.05

① $1.8+8.57=10.37$, $1.8-0.92=0.88$
② 민서의 몸무게는 38.5 kg이고, 서준이의
  몸무게는 민서의 몸무게보다 2.35 kg 더
  무거우므로 $38.5+2.35=40.85$(kg)입
  니다. 예서의 몸무게는 서준이의 몸무게보
  다 1.8 kg 더 가벼우므로
  $40.85-1.8=39.05$(kg)입니다.

13

16 [1보다 작은 소수]×[자연수]

⑦ 0.852　　⑧ 0.584　　⑨ 4.257

기억해 볼까요? ·········· 86쪽

① 위에서부터 0.03; 0.003
② 위에서부터 0.7; 0.07

개념 익히기 ·········· 87쪽

① 0.8　　② 1.6　　③ 1.2
④ 4.2　　⑤ 4　　⑥ 5.4
⑦ 0.26　⑧ 0.69　⑨ 0.64
⑩ 0.68　⑪ 1.02　⑫ 1.8
⑬ 0.682　⑭ 0.942　⑮ 2.55

개념 다지기 ·········· 88쪽

① 0.2 ×6 = 1.2
② 0.3 ×5 = 1.5
③ 0.2 ×7 = 1.4
④ 0.7 ×3 = 2.1
⑤ 0.5 ×9 = 4.5
⑥ 0.8 ×5 = 4.0
⑦ 0.12 ×3 = 0.36
⑧ 0.24 ×3 = 0.72
⑨ 0.32 ×4 = 1.28
⑩ 0.63 ×4 = 2.52
⑪ 0.72 ×8 = 5.76
⑫ 0.85 ×6 = 5.10
⑬ 0.312 ×3 = 0.936
⑭ 0.427 ×3 = 1.281
⑮ 0.925 ×2 = 1.850

개념 키우기 ·········· 89쪽

① 1.8　　② 6.4　　③ 3
④ 0.72　⑤ 1.33　⑥ 4.1

도전해 보세요 ·········· 89쪽

① 3.72　　② 1.7

① 정육각형은 변 6개의 길이가 모두 같으므로 정육각형의 둘레는 0.62×6=3.72(m)입니다.
② 소리는 공기 중에서 1초에 0.34 km를 가므로 5초 동안 소리가 간 거리는 0.34×5=1.7(km)입니다. 따라서 번개를 본 후 5초 뒤 천둥 소리를 들었다면 번개가 친 곳에서 1.7 km 떨어진 곳에 있습니다.

17 [1보다 큰 소수]×[자연수]

기억해 볼까요? ·········· 90쪽

① 5.6　　② 1.25
③ 3.32　④ 0.948

개념 익히기 ·········· 91쪽

① 3.9　　② 7.5　　③ 8.4
④ 12.8　⑤ 16.1　⑥ 28.8
⑦ 3.96　⑧ 5.72　⑨ 10.04
⑩ 28.56　⑪ 30.35　⑫ 42.6
⑬ 4.209　⑭ 10.128　⑮ 13.65

개념 다지기 ·········· 92쪽

① 2.2 ×3 = 6.6
② 3.4 ×3 = 10.2
③ 2.7 ×4 = 10.8

14

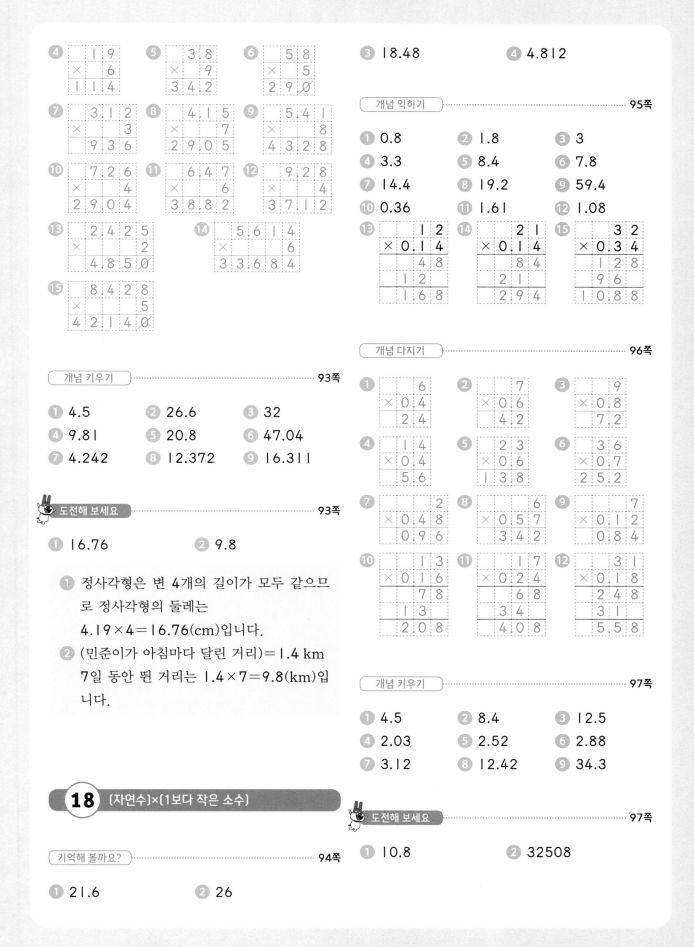

④
```
    1.9
×     6
  1 1.4
```
⑤
```
    3.8
×     9
  3 4.2
```
⑥
```
    5.8
×     5
  2 9.0
```

⑦
```
    3.1 2
×       3
    9.3 6
```
⑧
```
    4.1 5
×       7
  2 9.0 5
```
⑨
```
    5.4 1
×       8
  4 3.2 8
```

⑩
```
    7.2 6
×       4
  2 9.0 4
```
⑪
```
    6.4 7
×       6
  3 8.8 2
```
⑫
```
    9.2 8
×       4
  3 7.1 2
```

⑬
```
    2.4 2 5
×         2
    4.8 5 0
```
⑭
```
    5.6 1 4
×         6
  3 3.6 8 4
```

⑮
```
    8.4 2 8
×         5
  4 2.1 4 0
```

개념 키우기 ···································· 93쪽

❶ 4.5 ❷ 26.6 ❸ 32
❹ 9.81 ❺ 20.8 ❻ 47.04
❼ 4.242 ❽ 12.372 ❾ 16.311

도전해 보세요 ···································· 93쪽

❶ 16.76 ❷ 9.8

❶ 정사각형은 변 4개의 길이가 모두 같으므로 정사각형의 둘레는
4.19×4=16.76(cm)입니다.
❷ (민준이가 아침마다 달린 거리)=1.4 km
7일 동안 뛴 거리는 1.4×7=9.8(km)입니다.

18 [자연수]×[1보다 작은 소수]

기억해 볼까요? ···································· 94쪽

❶ 21.6 ❷ 26

❸ 18.48 ❹ 4.812

개념 익히기 ···································· 95쪽

❶ 0.8 ❷ 1.8 ❸ 3
❹ 3.3 ❺ 8.4 ❻ 7.8
❼ 14.4 ❽ 19.2 ❾ 59.4
❿ 0.36 ⓫ 1.61 ⓬ 1.08
⑬
```
      1 2
× 0.1 4
      4 8
    1 2
    1.6 8
```
⑭
```
      2 1
× 0.1 4
      8 4
    2 1
    2.9 4
```
⑮
```
      3 2
× 0.3 4
    1 2 8
    9 6
  1 0.8 8
```

개념 다지기 ···································· 96쪽

①
```
      6
× 0.4
    2.4
```
②
```
      7
× 0.6
    4.2
```
③
```
      9
× 0.8
    7.2
```
④
```
      1 4
× 0.4
    5.6
```
⑤
```
      2 3
× 0.6
  1 3.8
```
⑥
```
      3 6
× 0.7
  2 5.2
```
⑦
```
        2
× 0.4 8
    0.9 6
```
⑧
```
        6
× 0.5 7
    3.4 2
```
⑨
```
        7
× 0.1 2
    0.8 4
```
⑩
```
      1 3
× 0.1 6
      7 8
    1 3
    2.0 8
```
⑪
```
      1 7
× 0.2 4
      6 8
    3 4
    4.0 8
```
⑫
```
      3 1
× 0.1 8
    2 4 8
    3 1
    5.5 8
```

개념 키우기 ···································· 97쪽

❶ 4.5 ❷ 8.4 ❸ 12.5
❹ 2.03 ❺ 2.52 ❻ 2.88
❼ 3.12 ❽ 12.42 ❾ 34.3

도전해 보세요 ···································· 97쪽

❶ 10.8 ❷ 32508

① (직사각형의 넓이)
   =(가로의 길이)×(세로의 길이)이므로
   12×0.9=10.8(cm²)입니다.
② 1 L당 휘발유의 가격은 1625.4원이므로
   휘발유 20 L의 가격은
   20×1625.4=32508(원)입니다.

19 [자연수]×[1보다 큰 소수]

④
```
    1 2
×   2 7
    8 4
  2 4
  3 2 4
```
⑤
```
    2 1
×   4 2
    4 2
  8 4
  8 8 2
```
⑥
```
    1 8
×   5 3
    5 4
  9 0
  9 5 4
```
⑦
```
        2
×   3 3 7
    6 7 4
```
⑧
```
        4
×   7 3 6
  2 9 4 4
```
⑨
```
        5
×   6 0 4
  3 0 2 0
```
⑩
```
      1 3
×   2 3 7
      9 1
      3 9
  2 6
  3 0 8 1
```
⑪
```
      2 0
×   1 0 3
      6 0
      0 0
  2 0
  2 0 6 0
```
⑫
```
      3 7
×   1 5 3
    1 1 1
  1 8 5
  3 7
  5 6 6 1
```

기억해 볼까요? ………………………………… 98쪽

① 1.6   ② 4.5
③ 3.33   ④ 17.43

개념 키우기 …………………………………… 101쪽

① 7.2   ② 22.5   ③ 25.2
④ 3.87   ⑤ 25.34   ⑥ 30.4
⑦ 14.4   ⑧ 86.4   ⑨ 100.5
⑩ 21.08   ⑪ 64.47   ⑫ 86.02

개념 익히기 …………………………………… 99쪽

① 2.4   ② 6.9   ③ 8.4

④
```
    1 2
×   2.4
    4 8
  2 4
  2 8.8
```
⑤
```
    1 5
×   1.3
    4 5
  1 5
  1 9.5
```
⑥
```
    1 3
×   3.6
    7 8
  3 9
  4 6.8
```

⑦ 17.04   ⑧ 26.12   ⑨ 46.08

⑩
```
      1 2
×   3.1 4
      4 8
    1 2
  3 6
  3 7.6 8
```
⑪
```
      2 4
×   4.1 3
      7 2
    2 4
  9 6
  9 9.1 2
```
⑫
```
      2 7
×   3.5 2
      5 4
    1 3 5
  8 1
  9 5.0 4
```

개념 다지기 …………………………………… 100쪽

①
```
      4
×   2.7
  1 0.8
```
②
```
      7
×   3.6
  2 5.2
```
③
```
      8
×   5.2
  4 1.6
```

도전해 보세요 …………………………………… 101쪽

①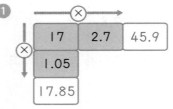

② 12.5

① 17×2.7=45.9, 17×1.05=17.85
② 2분 30초=2.5분이므로 물이 1분에 5 L
   씩 일정하게 나오는 수도에서 2분 30초
   동안 나오는 물의 양은 5×2.5=12.5(L)
   입니다.

20 1보다 작은 소수끼리의 곱셈

기억해 볼까요? ···················· 102쪽

① 3.6   ② 32.2
③ 19.68   ④ 106.02

개념 익히기 ······················ 103쪽

① 0.06   ② 0.12   ③ 0.48
④ 0.56   ⑤ 0.45   ⑥ 0.2
⑦ 0.006   ⑧ 0.028   ⑨ 0.084
⑩ 0.108   ⑪ 0.279   ⑫ 0.144
⑬ 0.415   ⑭ 0.136   ⑮ 0.294

개념 다지기 ······················ 104쪽

① 0.08   ② 0.27   ③ 0.09
④ 0.15   ⑤ 0.42   ⑥ 0.3
⑦ 0.028   ⑧ 0.072   ⑨ 0.094
⑩ 0.186   ⑪ 0.166   ⑫ 0.219
⑬ 0.0006   ⑭ 0.0391   ⑮ 0.1512

개념 키우기 ······················ 105쪽

① 0.36   ② 0.72   ③ 0.222
④ 0.162   ⑤ 0.189   ⑥ 0.112
⑦ 0.3796   ⑧ 0.2304   ⑨ 0.408

도전해 보세요 ···················· 105쪽

① 0.62   ② 0.04

① 0.2294는 2294에서 소수점이 왼쪽으로 네 칸 옮겨졌으므로 곱하는 두 소수의 소수점 아래 자리 수의 합은 4입니다. 0.37이 소수 두 자리 수이므로 □는 소수 두 자리 수인 0.62입니다.

② 1 km를 달리는 데 0.05 L의 휘발유를 사용하므로 이 자동차가 0.8 km를 달리는 데 필요한 휘발유의 양은 0.05×0.8=0.04(L)입니다.

21 1보다 큰 소수끼리의 곱셈

기억해 볼까요? ···················· 106쪽

① 0.12   ② 0.161
③ 0.204   ④ 0.1632

개념 익히기 ······················ 107쪽

①
```
    1. 2
  × 1. 4
    4 8
  1 2
  1. 6 8
```
②
```
    1. 3
  × 2. 6
    7 8
  2 6
  3. 3 8
```
③
```
    3. 5
  × 2. 7
  2 4 5
  7 0
  9. 4 5
```
④ 11.61   ⑤ 15.12   ⑥ 17.28
⑦
```
    1. 0 5
  ×   3. 2
    2 1 0
  3 1 5
  3. 3 6 0
```
⑧
```
    2. 4 6
  ×   2. 3
    7 3 8
  4 9 2
  5. 6 5 8
```
⑨
```
      4. 8 3
  ×     5. 9
    4 3 4 7
  2 4 1 5
  2 8. 4 9 7
```
⑩ 10.22   ⑪ 23.744   ⑫ 18.684

개념 다지기 ······················ 108쪽

① 7.03   ② 6.88   ③ 9.45
④ 5.526   ⑤ 9.065   ⑥ 12.702
⑦ 7.224   ⑧ 14.809   ⑨ 25.432
⑩ 3.4452   ⑪ 3.9382   ⑫ 7.0875

❶ 2.24　　❷ 6.96　　❸ 7.061

❹ 8.784　　❺ 19.095　　❻ 23.236

❼ 3.6828　　❽ 3.6936　　❾ 9.3104

도전해 보세요 109쪽

❶ (1) 14.4　(2) 0.144　(3) 0.0144　(4) 1.44

❷ 4.104

❶ (1) 1.2는 12에서 소수점이 왼쪽으로 한 칸 옮겨졌으므로 곱하는 두 수의 소수점 아래 자리 수의 합은 1입니다. 144에서 소수점이 왼쪽으로 한 칸 옮겨지면 14.4입니다.

(2) 1.2는 12에서 소수점이 왼쪽으로 한 칸 옮겨졌고, 0.12는 12에서 소수점이 왼쪽으로 두 칸 옮겨졌으므로 곱하는 두 소수의 소수점 아래 자리 수의 합은 3입니다. 144에서 소수점이 왼쪽으로 세 칸 옮겨지면 0.144입니다.

(3) 0.12는 12에서 소수점이 왼쪽으로 두 칸 옮겨졌으므로 곱하는 두 소수의 소수점 아래 자리 수의 합은 4입니다. 144에서 소수점이 왼쪽으로 네 칸 옮겨지면 0.0144입니다.

(4) 1.2는 12에서 소수점이 왼쪽으로 한 칸 옮겨졌으므로 곱하는 두 소수의 소수점 아래 자리 수의 합은 2입니다. 144에서 소수점이 왼쪽으로 두 칸 옮겨지면 1.44입니다.

❷ 현재 강아지의 몸무게가 2.16 kg이고 1년 전 이 강아지의 몸무게는 현재 몸무게의 1.9배였으므로 1년 전 이 강아지의 몸무게는 2.16×1.9＝4.104(kg)이었습니다.

22 곱의 소수점의 위치

기억해 볼까요? 110쪽

❶ 1.32　　　　❷ 0.0132

개념 익히기 111쪽

❶ 위에서부터 3.12, 31.2, 312, 3120

❷ 위에서부터 102, 10.2, 1.02, 0.102

❸ 위에서부터 0.74, 7.4, 74, 740

❹ 위에서부터 450, 45, 4.5, 0.45

❺ 위에서부터 5.6, 5.6, 0.56

❻ 위에서부터 7.5, 0.75, 0.075

❼ 위에서부터 3, 0.3, 0.03

❽ 위에서부터 9.2, 0.92, 0.092

개념 다지기 112쪽

❶ 위에서부터 1.8, 0.32, 0.0576

❷ 위에서부터 24, 370, 0.0888

❸ 위에서부터 0.251, 80, 2.008

❹ 위에서부터 74, 4.5, 3.33

❺ 위에서부터 48, 3.5, 1.68

❻ 위에서부터 0.7, 36.4, 2.548

❼ 위에서부터 1.52, 54, 0.08208

❽ 위에서부터 1920, 270, 0.05184

개념 키우기 113쪽

❶ 위에서부터 234.9, 2349, 23490

❷ 위에서부터 527.4, 52.74, 5.274

❸ 위에서부터 4.5, 4.5, 0.45

❹ 위에서부터 231, 23.1, 0.231

❺ 위에서부터 120, 27, 0.324

❻ 위에서부터 128, 5, 0.64

1 0.001　　　　　**2** 0.05; 0.5; 5

1 0.0127은 12.7에서 소수점이 왼쪽으로 세 칸 옮겨졌으므로 0.001을 곱한 것입니다. 따라서 ㉮×㉯=0.001입니다.

2 연필 한 자루의 무게가 0.005 kg입니다.
연필 10자루의 무게는
0.005×10=0.05(kg)
연필 100자루의 무게는
0.005×100=0.5(kg)
연필 1000자루의 무게는
0.005×1000=5(kg)

---

23 〔소수〕÷〔자연수〕의 몫의 소수점의 위치

3.25, 32.5, 325

1 36, 12, 12, 1.2
2 844, 211, 211, 2.11
3 2.1　　　　　**4** 1.2
5 4.8　　　　　**6** 6.5
7 2.13　　　　**8** 1.32
9 1.29　　　**10** 8.42

1 13, $\frac{1}{10}$, 1.3　　　**2** 121, $\frac{1}{10}$, 12.1

3 105, $\frac{1}{10}$, 10.5　　　**4** 142, $\frac{1}{10}$, 14.2

5 112, $\frac{1}{100}$, 1.12　　　**6** 341, $\frac{1}{100}$, 3.41

7 1241, $\frac{1}{100}$, 12.41　　**8** 131, $\frac{1}{100}$, 1.31

9 81, $\frac{1}{100}$, 0.81　　　**10** 121, $\frac{1}{100}$, 1.21

1 1.1　　　　　**2** 1.21
3 3.14　　　　**4** 6.1
5 24.42　　　**6** 7.21

1 10
2 9.25÷5=1.85 또는 92.5÷5=18.5

1 ㉠을 계산하면 13.2이고 ㉡을 계산하면 1.32입니다. 13.2는 1.32의 10배입니다.

다른 풀이
㉠의 나누어지는 수는 ㉡의 나누어지는 수의 10배이고 나누는 수는 4로 같으므로 ㉠은 ㉡의 10배입니다.

2 나누어지는 수를 $\frac{1}{10}$배, $\frac{1}{100}$배하면 몫도 $\frac{1}{10}$배, $\frac{1}{100}$배됩니다.

---

24 〔소수〕÷〔자연수〕

1 1.2　　　　　**2** 1.08

개념 익히기 ······································· 121쪽

❶
```
      7.2 3
5) 3 6.1 5
    3 5
      1 1
      1 0
        1 5
        1 5
          0
```

❷ 2.6 ❸ 1.6 ❹ 1.6
❺ 5.4 ❻ 2.2 ❼ 5.4
❽ 6.5 ❾ 8.2 ❿ 14.6
⓫ 6.74 ⓬ 9.44 ⓭ 9.32

개념 다지기 ······································· 122쪽

❶ 1.6 ❷ 1.4
❸ 2.4 ❹ 1.63
❺ 7.31 ❻ 9.31
❼ 78.2 ❽ 32.23

개념 키우기 ······································· 123쪽

❶ 8.9 ❷ 12.2
❸ 8.26 ❹ 19.94

도전해 보세요 ································· 123쪽

❶ 식 6.78÷6=1.13 답 1.13
❷ 식 1.23×4=4.92, 4.92÷3=1.64
   답 1.64

❶ 리본의 길이를 사람 수인 6으로 나누면 한
   사람이 받는 리본의 길이가 됩니다.
❷ 길이 1.23 m인 나무막대 4개를 이었으므
   로 긴 나무막대의 길이는
   1.23×4=4.92(m)입니다. 긴 나무막대
   를 똑같이 3개로 나누었으므로 하나의 길
   이는 4.92÷3=1.64(m)입니다.

25 몫이 1보다 작은 (소수)÷(자연수)

기억해 볼까요? ······························· 124쪽

❶ 16.22 ❷ 52.13

개념 익히기 ······································· 125쪽

❶
```
      0.4 1
3) 1.2 3
    1 2
        3
        3 0
          0
```

❷ 0.6 ❸ 0.9 ❹ 0.9
❺ 0.71 ❻ 0.81 ❼ 0.72
❽ 0.36 ❾ 0.66 ❿ 0.89
⓫ 0.85 ⓬ 0.89 ⓭ 0.73

개념 다지기 ······································· 126쪽

❶ 0.3 ❷ 0.6
❸ 0.58 ❹ 0.62
❺ 0.89 ❻ 0.85
❼ 0.76 ❽ 0.87

개념 키우기 ······································· 127쪽

❶ 0.3 ❷ 0.21
❸ 0.05 ❹ 0.049

도전해 보세요 ································· 127쪽

❶ 0.043
❷ 식 2.316÷3=0.772 답 0.772

1 연필 12자루의 무게가 0.516 kg이므로 한 자루의 무게는
0.516÷12=0.043(kg)입니다.
2 2.316과 3중 2.316이 작으므로 2.316을 3으로 나눈 몫이 더 작습니다.
2.316÷3=0.772입니다.

3 0.935　　　　**4** 0.775
5 3.126　　　　**6** 5.285

 도전해 보세요 131쪽

11.75

가로등이 7개가 같은 간격으로 세워져 있으므로 길은 6등분 되었습니다. 따라서 가로등 사이의 간격은 70.5÷6=11.75(m)입니다. 가로등의 개수인 7로 나누지 않도록 주의합니다.

26 소수점 아래 0을 내려 계산하는 (소수)÷(자연수)

기억해 볼까요? 128쪽

1 0.83　　　　**2** 0.91
3 0.96　　　　**4** 0.78

개념 익히기 129쪽

1 1.35
2 210, 42, 0.42
3 530, 530, 265, 2.65
4 750, 750, 125, 1.25
5 1440, 1440, 288, 2.88
6 2510, 2510, 1255, 12.55
7 3420, 3420, 855, 0.855
8 8670, 8670, 1445, 1.445

개념 다지기 130쪽

1 1.24　　　**2** 3.15　　　**3** 1.35
4 3.35　　　**5** 4.25　　　**6** 4.35
7 0.648　　**8** 2.565　　**9** 1.325
10 4.735　　**11** 15.885　**12** 5.326

개념 키우기 131쪽

1 1.75　　　　　　**2** 1.14

27 몫의 소수 첫째 자리가 0인 (소수)÷(자연수)

기억해 볼까요? 132쪽

1 1.52　　　　　　**2** 2.155

개념 익히기 133쪽

1
```
        4 . 0 5
  3 ) 1 2 . 1 5
      1 2
          1 5
          1 5
              0
```

2 4.06　　　**3** 1.08　　　**4** 1.04
5 3.06　　　**6** 3.07　　　**7** 2.09
8 13.09　　**9** 14.05　　**10** 13.06

개념 다지기 134쪽

1 0.06　　　**2** 0.07　　　**3** 0.04
4 2.05　　　**5** 1.05　　　**6** 1.05
7 12.05　　**8** 7.08　　　**9** 7.05
10 14.005　**11** 3.006　　**12** 5.005

① 2.06　　　　② 4.07
③ 11.07　　　　④ 12.03
⑤ 10.08　　　　⑥ 3.002

① 위에서부터 4, 0, 4, 1, 2, 2, 4, 1, 2, 1, 2
② (1) 8.04　　(2) 6.03

> ① 나누어지는 수의 십의 자리는 2이고 나누
> 어지는 수의 자연수 부분이 6으로 나누어
> 떨어지므로 나누어지는 수의 자연수 부분
> 은 24입니다. 몫의 소수 둘째 자리 수가
> 2인데 나머지가 0이므로 나누어지는 수는
> 24.12입니다.
> ② (1) 24.12÷3=8.04(L)입니다.
> 　 (2) 24.12÷4=6.03(L)입니다.

28　(자연수)÷(자연수)의 몫을 소수로 나타내기

① 4.06　　　　② 4.004

① 2.5
② 앞에서부터 25, 25, 175, 100, 1.75
③ 앞에서부터 25, 25, 75, 100, 0.75
④ 앞에서부터 2, 2, 8, 10, 0.8
⑤ 앞에서부터 5, 5, 15, 10, 1.5
⑥ 앞에서부터 5, 5, 25, 10, 2.5
⑦ 앞에서부터 125, 125, 1375, 1000, 1.375
⑧ 앞에서부터 125, 125, 875, 1000, 0.875

① 3.5　　　② 4.5　　　③ 2.25
④ 0.5　　　⑤ 0.25　　⑥ 0.6
⑦ 2.25　　⑧ 3.5　　　⑨ 2.6
⑩ 2.125　⑪ 5.25　　⑫ 5.125

① 3.25　　　　② 13.5
③ 6.2　　　　④ 5.625
⑤ 1.75　　　　⑥ 2.8

① 1.875　　　② 0.6

> ① 물 15 L를 똑같이 8병으로 나누면
> 15÷8=1.875(L)입니다.
> ② 무게가 같은 배 5개의 무게가 모두 3 kg이
> 므로 배 한개의 무게는 3÷5=0.6(kg)입
> 니다.

29　소수점의 위치 확인하기

① 25　　　　② 572

① 30÷5; 6　　　② 42÷3; 14
③ 14÷2; 7　　　④ 32÷4; 8
⑤ 55÷8; 7　　　⑥ 62÷7; 9
⑦ 80÷9; 9　　　⑧ 52÷6; 9
⑨ 38÷8; 5　　　⑩ 49÷7; 7

22

개념 다지기 ···································· 142쪽

1 16÷3; 5; 5.21   2 56÷4; 14; 14.1
3 43÷7; 6; 6.08   4 37÷5; 7; 7.42
5 193÷6; 32; 32.2 6 8÷3; 3; 2.51
7 37÷4; 9; 9.14   8 46÷5; 9; 9.29
9 5÷3; 2; 1.78   10 47÷2; 24; 23.7

개념 키우기 ···································· 143쪽

1 3.9   2 8.6
3 5.72   4 11.88

🐰 도전해 보세요 ···································· 143쪽

✕, ○, ✕

2.96을 3으로 어림하면 3÷5=0.6이므로
2.96÷5=5.92는 틀린 계산입니다.
3.5÷7=0.5이므로 맞는 계산입니다.
4.56을 4.5로 어림하면 4.5÷3=1.5이므로
4.56÷3=0.152는 틀린 계산입니다.

30 (소수)÷(자연수)를 자연수의 나눗셈으로 바꾸어 계산하기

기억해 볼까요? ···································· 144쪽

1 1.8   2 0.64

개념 익히기 ···································· 145쪽

1 36, 3, 12, 12   2 126, 3, 42, 42
3 7, 7   4 7, 7
5 25, 25   6 16, 16
7 102, 102   8 47, 47
9 29, 29   10 33, 33

개념 다지기 ···································· 146쪽

1 위에서부터 6, 54, 9, 6
2 위에서부터 9, 63, 7, 9
3 위에서부터 4, 10, 10, 48, 12, 4
4 위에서부터 33, 10, 10, 495, 15, 33
5 위에서부터 132, 396, 3, 132
6 위에서부터 243, 486, 2, 243
7 위에서부터 62, 100, 100, 434, 7, 62
8 위에서부터 95, 100, 100, 855, 9, 95
9 위에서부터 32, 100, 100, 352, 11, 32
10 위에서부터 16, 100, 100, 1968, 123, 16

개념 키우기 ···································· 147쪽

1 13   2 45
3 66   4 314
5 152   6 42

🐰 도전해 보세요 ···································· 147쪽

1 1000, 1000, 324, 6, 54; 54
2 73

1 나누어지는 수와 나누는 수를 모두 1000
  배 하여 몫을 구합니다.
2 가루약을 0.5 g씩 담으므로
  36.5÷0.5=73(개) 만들 수 있습니다.

31 자릿수가 같은 (소수)÷(소수)

기억해 볼까요? ···································· 148쪽

1 23; 23   2 241; 241

❶
```
        1  2
0.7) 8  4
     7
     1  4
     1  4 0
           0
```

❷ 12   ❸ 9   ❹ 13
❺ 7   ❻ 13   ❼ 12
❽ 124   ❾ 23   ❿ 63
⓫ 15   ⓬ 24   ⓭ 17

❶ 32   ❷ 19
❸ 6   ❹ 14
❺ 855   ❻ 13
❼ 21   ❽ 53

❶ 64.8   ❷ 25.5
❸ 22.6   ❹ 25.5
❺ 33.25 ❻ 15.125

❶ 2.5   ❷ (1) 24   (2) 25.5

❶ 직사각형의 넓이가 5.85 m²이고 가로의
  길이가 2.34 m이므로 세로의 길이는
  5.85÷2.34=2.5(m)입니다.

❷ 나누어지는 수와 나누는 수의 소수점을 오
  른쪽으로 3번 움직여 계산합니다.

32 자릿수가 다른 (소수)÷(소수)

❶ 23   ❷ 34.5

❶
```
           6  5
0.5) 3  2  5
     3  0
        2  5
        2  5
           0
```

❷ 4.4   ❸ 8.6   ❹ 6.5
❺ 2.25   ❻ 21.25   ❼ 7.45
❽ 23.2   ❾ 52.4   ❿ 24.6
⓫ 73.85 ⓬ 7.26   ⓭ 8.35

❶ 8.9   ❷ 15.1   ❸ 7.3
❹ 24.6   ❺ 5.7   ❻ 50.7
❼ 6.05   ❽ 18.25 ❾ 7.55
❿ 3.45   ⓫ 3.35   ⓬ 3.05

❶ 71.5   ❷ 32.5   ❸ 24.8
❹ 13.4   ❺ 23.7   ❻ 71.4
❼ 12.64 ❽ 13.35 ❾ 24.05
❿ 7.5   ⓫ 8.6   ⓬ 7.16

❶ 24.1   ❷ 17.8
❸ 3.55   ❹ 15.65
❺ 13.55 ❻ 12.7
❼ 13.65 ❽ 4.85

1 18.2 **2** 12.5
3 34.6 **4** 24.7
5 16.8 **6** 15.9

1 16.3 **2** (1) 3.54 (2) 70

1 직육면체의 부피는 (밑넓이)×(높이)이므로 밑넓이는
$67.482 \div 2.76 = 24.45(m^2)$입니다. 밑면의 세로의 길이는
$24.45 \div 15 = 16.3(m)$입니다.

2 (1) 소수의 자리수가 2이상 차이나는 경우를 계산합니다.
(2) 나누어지는 소수의 자리수가 나누는 소수의 자리수보다 적은 경우를 계산합니다.

33 (자연수)÷(소수)

1 60.8 **2** 17.05

1
```
        3 5
0.4) 1 4 0.
      1 2
        2 0
        2 0 0
            0
```

2 8 **3** 30 **4** 30
5 7.5 **6** 27.5 **7** 25
8 1.25 **9** 80 **10** 80
11 15 **12** 11.2 **13** 28.75

1 12 **2** 40
3 48 **4** 56.25
5 175 **6** 56.25
7 9.375 **8** 26.25

1 50 **2** 600
3 62.5 **4** 25
5 1.25 **6** 3.125

1 40 **2** (1) 16 (2) 16

1 50 L를 한 병에 1.25 L씩 나누어 담으므로 50÷1.25=40(병)입니다.
2 소수 세 자리 수와 네 자리 수로 나누어 봅니다.

34 몫을 반올림하여 나타내기

1 25.5 **2** 24.3

1
```
        2 3
0.6) 1 4 0
      1 2
        2 0
        1 8
          2 ; 2
```

2 8 **3** 6
4 3 **5** 5

6 31   **7** 19

8 8   **9** 14

개념 익히기 ──────────────────── 167쪽

1 4, 4, 4, 4, 4, 4, 1.6 ; 6, 1.6

2 3, 3, 3, 3, 3, 0.4 ; 5, 0.4

3 15, 15, 15, 7.6 ; 3, 7.6

개념 다지기 ──────────────────── 164쪽

1
```
         2.3 3
0.6)1 4.0 0
    1 2
      2 0
      1 8
        2 0
        1 8
          2 ; 2.3
```

2 1.7   **3** 4.1

4 1.2   **5** 3.7

6 81.7   **7** 4.3

8 28.3   **9** 22.7

개념 다지기 ──────────────────── 168쪽

1 3, 5.5   **2** 8, 3.4

3 8, 2.6   **4** 6, 5.2

5 9, 1.5   **6** 4, 0.45

7 2, 0.12   **8** 3, 4.5

개념 키우기 ──────────────────── 165쪽

1 14.7   **2** 7.43

3 16   **4** 7.9

개념 키우기 ──────────────────── 169쪽

1 8, 2.5   **2** 5, 4.2

3 7, 0.8   **4** 5, 0.7

5 4, 1.26   **6** 2, 0.8

도전해 보세요 ──────────────────── 169쪽

1 5, 0.24   **2** 0.54

1 빵을 하나 만드는데 밀가루를 0.6 kg 쓰므로 만들 수 있는 빵의 개수는 5개이고 남는 밀가루의 양은 0.24 kg입니다.

2 밀가루를 똑같이 사용하여 빵을 여섯 개 만드므로 빵 하나에 사용한 밀가루의 양은 3.24÷6=0.54(kg)입니다.

도전해 보세요 ──────────────────── 165쪽

1 0.68   **2** 2.059

1 4.1÷6=0.6833……이므로 반올림하여 소수 둘째 자리까지 나타내면 0.68입니다.

2 3.5÷1.7=2.058823……이므로 소수 넷째 자리에서 반올림하면 2.059입니다.

35 나누어 주고 남는 양

36 소수와 분수의 곱셈과 나눗셈

기억해 볼까요? ──────────────────── 166쪽

1 1.27   **2** 2.25

기억해 볼까요? ──────────────────── 170쪽

1 20   **2** 21

3 0.536   **4** 16

개념 익히기 ┄┄┄┄┄┄┄┄ 171쪽

1. $2.4 \div 0.2 = 12$
2. $3.2 \times 0.25 = 0.8$
3. $0.15 \div 0.5 = 0.3$
4. $5.4 \div 0.9 = 6$
5. $\dfrac{15}{10} \div \dfrac{5}{4} = \dfrac{15}{10} \times \dfrac{4}{5} = \dfrac{6}{5} = 1\dfrac{1}{5}$
6. $\dfrac{63}{10} \times \dfrac{5}{9} = \dfrac{7}{2} = 3\dfrac{1}{2}$
7. $\dfrac{3}{5} \div \dfrac{125}{100} = \dfrac{3}{5} \times \dfrac{100}{125} = \dfrac{12}{25}$
8. $\dfrac{9}{5} \div \dfrac{12}{10} = \dfrac{9}{5} \times \dfrac{10}{12} = \dfrac{3}{2} = 1\dfrac{1}{2}$
9. $2.4 \div 0.6 \times 1.9 = 4 \times 1.9 = 7.6$ 또는

$$\dfrac{24}{10} \times \dfrac{5}{3} \times \dfrac{19}{10} = \dfrac{38}{5} = 7\dfrac{3}{5}$$

10. $6.3 \div 0.7 \times 3.2 = 9 \times 3.2 = 28.8$ 또는

$$\dfrac{63}{10} \times \dfrac{10}{7} \times \dfrac{32}{10} = \dfrac{144}{5} = 28\dfrac{4}{5}$$

11. $0.7 \times 0.8 \div 0.2 = 0.56 \div 0.2 = 2.8$ 또는

$$\dfrac{7}{10} \times \dfrac{4}{5} \div \dfrac{2}{10} = \dfrac{7}{10} \times \dfrac{4}{5} \times \dfrac{10}{2} = \dfrac{14}{5} = 2\dfrac{4}{5}$$

12. $1.6 \times 1.2 \div 0.8 = 1.92 \div 0.8 = 2.4$ 또는

$$\dfrac{16}{10} \times \dfrac{6}{5} \div \dfrac{8}{10} = \dfrac{16}{10} \times \dfrac{6}{5} \times \dfrac{10}{8} = \dfrac{12}{5} = 2\dfrac{2}{5}$$

개념 다지기 ┄┄┄┄┄┄┄┄ 172쪽

1. $1.5 \div 0.5 = 3$
2. $1.4 \times 2.3 = 3.22$
3. $4.8 \div 0.8 = 6$
4. $7.2 \times 3.4 = 24.48$
5. $0.9 \div 0.75 = 1.2$
6. $5.8 \times 7.5 = 43.5$

7. $0.4 \div 0.16 = 2.5$
8. $8.1 \times 1.125 = 9.1125$
9. $0.55 \div 0.5 = 1.1$
10. $1.75 \div 0.25 = 7$
11. $2.2 \div 0.8 = 2.75$
12. $0.44 \div 0.4 = 1.1$
13. $4.6 \div 0.5 = 9.2$
14. $2.625 \div 2.5 = 1.05$
15. $3.8 \div 0.19 = 20$
16. $5.5 \div 2.2 = 2.5$

개념 다지기 ┄┄┄┄┄┄┄┄ 173쪽

1. $\dfrac{24}{10} \times 5 = 12$
2. $\dfrac{3}{10} \times \dfrac{7}{12} = \dfrac{7}{40}$
3. $\dfrac{17}{10} \times \dfrac{5}{3} = \dfrac{17}{6} = 2\dfrac{5}{6}$
4. $\dfrac{42}{10} \times \dfrac{12}{7} = \dfrac{36}{5} = 7\dfrac{1}{5}$
5. $\dfrac{18}{10} \times \dfrac{2}{9} = \dfrac{2}{5}$
6. $\dfrac{25}{10} \times \dfrac{4}{5} = 2$
7. $\dfrac{7}{10} \times \dfrac{4}{21} = \dfrac{2}{15}$
8. $\dfrac{105}{10} \times \dfrac{6}{35} = \dfrac{9}{5} = 1\dfrac{4}{5}$
9. $\dfrac{7}{20} \times \dfrac{10}{9} = \dfrac{7}{18}$
10. $\dfrac{14}{3} \times \dfrac{10}{28} = \dfrac{5}{3} = 1\dfrac{2}{3}$
11. $\dfrac{11}{8} \times \dfrac{10}{55} = \dfrac{1}{4}$
12. $\dfrac{7}{2} \times \dfrac{10}{6} = \dfrac{35}{6} = 5\dfrac{5}{6}$
13. $\dfrac{22}{7} \times \dfrac{10}{24} = \dfrac{55}{42} = 1\dfrac{13}{42}$
14. $\dfrac{15}{8} \times \dfrac{100}{75} = \dfrac{5}{2} = 2\dfrac{1}{2}$

⑮ $\dfrac{8}{3} \times \dfrac{\overset{50}{\cancel{100}}}{\underset{2}{\cancel{16}}} = \dfrac{50}{3} = 16\dfrac{2}{3}$

⑯ $\dfrac{\overset{3}{\cancel{21}}}{\underset{1}{\cancel{5}}} \times \dfrac{\overset{2}{\cancel{10}}}{\underset{1}{\cancel{7}}} = 6$

개념 다지기 ---------------------------------- 174쪽

① $2\dfrac{7}{10}(=2.7)$ ② $2\dfrac{1}{10}(=2.1)$

③ $\dfrac{27}{50}(=0.54)$ ④ 30

⑤ $6\dfrac{2}{15}$ ⑥ $\dfrac{13}{16}(=0.8125)$

⑦ 9   ⑧ $3\dfrac{3}{4}(=3.75)$

⑨ $40\dfrac{3}{5}(=40.6)$ ⑩ $1\dfrac{1}{9}$

개념 키우기 ---------------------------------- 175쪽

① $\dfrac{6}{19}$ ② $\dfrac{1}{3}$

③ $\dfrac{5}{6}$ ④ $\dfrac{5}{6}$

⑤ $3\dfrac{9}{10}(=3.9)$ ⑥ $4\dfrac{1}{72}$

🐰 도전해 보세요 ---------------------------------- 175쪽

① $7\dfrac{1}{5}(=7.2)$

② 식 $6\dfrac{3}{4} \times 4.5 \div 0.25$ 답 $121\dfrac{1}{2}(=121.5)$

> ① 삼각형의 넓이는
>
> (밑변의 길이)×(높이)×$\dfrac{1}{2}$이므로
>
> $3.2 \times 4\dfrac{1}{2} \times \dfrac{1}{2} = \dfrac{36}{5} = 7\dfrac{1}{5}(\text{cm}^2)$입니다.
>
> ② $6\dfrac{3}{4} \times 4.5 \div 0.25$
>
> $= 6\dfrac{3}{4} \times \dfrac{9}{2} \div \dfrac{1}{4} = \dfrac{243}{2} = 121\dfrac{1}{5}$입니다.